Par l'abbé Mic. Cartaud de la Villate — V. Barbier

PENSÉES
CRITIQUES
SUR LES
MATHEMATIQUES

PENSÉES CRITIQUES SUR LES MATHEMATIQUES,

Où l'on propose divers Préjugés contre ces Sciences, à dessein d'en ébranler la certitude, & de prouver qu'elles ont peu contribué à la perfection des beaux Arts.

A PARIS,

Chez GABRIEL VALLEYRE fils, ruë de la Vieille Bouclerie, au bas de la ruë de la Harpe, à l'Annonciation.

M. DCC. XXXIII.

Avec Approbation & Privilege du Roi.

A MONSEIGNEUR

LE DUC DE CHAULNES,

PAIR DE FRANCE, VIDAME d'Amiens, Capitaine-Lieutenant de la Compagnie des deux cens Chevaux-Legers de la Garde Ordinaire du Roi, Lieutenant General des Armées de Sa Majesté, Chevalier de ses trois Ordres, & Gouverneur des Villes & Citadelle d'Amiens & de Corbie.

ONSEIGNEUR,

Je ne donne cet Ouvrage que d'une main timide, & je prévois

les risques que je cours en le faisant paroître. Le seul titre qu'il porte est peu propre à prévenir en ma faveur, & il ne peut manquer de m'attirer une infinité de Censeurs. Proposer des Réflexions Critiques sur les Mathématiques, & prétendre jetter des doutes sur celle de toutes les Sciences qui passe sans contredit pour en être la moins susceptible, c'est révolter dabord ceux mêmes dont le suffrage est le plus à envier & dont la censure est le plus à craindre.

Mais enfin, MONSEIGNEUR, *puisque vous me permettez de placer votre Nom à la tête de ce même Ouvrage, je crois pouvoir me rassurer. Lorsqu'on verra que vous ne l'avez pas trouvé tout-à-fait indigne de vous être présenté, on jugera qu'il mérite au moins d'être lû. La haute idée que le Public a conçûë de la ſolidité de votre eſprit & de la juſteſſe de votre diſcernement, fait un préjugé infiniment avantageux pour ceux que vous voulez bien honorer de votre protection.*

Que ne puis-je, ſans encourir votre diſgrace, ſatisfaire ici au juſte devoir de la reconnoiſſance, en publiant au moins une partie de ce qu'on admire en vous, lorſqu'on a l'honneur de vous connoître. L'éloge que je ferois de vos vertus ſeroit l'endroit de mon Ouvrage le plus du goût de mes Lecteurs & le mieux reçû du Public : en m'ordonnant de le ſupprimer, vous ne faites pas attention, MONSEIGNEUR, *que c'eſt un tort que vous me faites. J'obéis cependant, & je ſacrifie mes interêts au respect que je dois à vos ordres.*

Je fais plus, je ne substituërai point même à vos éloges celui d'un fils, dont les progrès en divers genres de Literature publient qu'il a été élevé sous vos yeux; vous penseriez peut-être que j'userois d'artifice, & que je ne ferois l'éloge du Fils qu'afin de le faire adroitement retomber sur le Pere. Ce qui est vrai, MONSEIGNEUR, *c'est qu'en faisant son fidele portrait, je serois bien sûr qu'on ne pourroit s'y méprendre, & qu'il seroit impossible de ne vous y pas reconnoître.*

Elevé sous vos yeux, cultivé par vos mains, instruit par vos leçons, & plus encore par vos exemples, il s'est étudié à vous imiter, & il y a parfaitement réussi; même inclination

nation pour les Sciences & pour les beaux Arts, même pénétration à en découvrir les ſecrets les plus cachez ; même goût pour les choſes qui méritent d'être eſtimées ; même application à ſe remplir des maximes qui font les grands Hommes & les veritables Chrétiens ; même grandeur d'ame ſans fierté ; même Nobleſſe de ſentimens ſans ambition ; même élevation de génie ſans hauteur & ſans faſte ; même affabilité dans le commerce de la vie ; même penchant à faire des heureux & à ſoulager les miſerables ; & pour tout dire en un mot, même eſprit, même cœur, même caractere.

Puiſſe le Ciel remplir parfaitement les grandes eſperances que vous avez tout ſujet de fonder ſur un ſi digne Fils.

EPITRE.

Puissiez-vous MONSEIGNEUR, *dans une heureuse & glorieuse vieillesse le voir un jour occuper le haut rang que vous tenez depuis longtems avec éclat; posséder la confiance de son Prince comme vous l'avez constamment possedée. Puisse-t-il lui-même employer pour le service de son Roy & pour le bien de l'Etat les riches talens qu'il a reçû de la nature & suivre exactement les traces que vous lui marquez chaque jour. Ce sont les vœux les plus sinceres que fera sans cesse*

MONSEIGNEUR,

Votre très humble, très-obéïssant & très dévoüé serviteur, CARTAUD.

SOMMAIRE.

ON propose dans cet Ouvrage sept Préjugés, ou sept motifs de douter de la verité des Mathematiques. Dans le premier de ces Préjugés on fait voir que les Mathematiciens ont à resoudre les difficultés de la Metaphisique avant que de pouvoir s'arroger les methodes infaillibles & d'arriver à la haute certitude.

Le second est fondé sur l'autorité de plusieurs personnes remarquables par leur sçavoir, & très-connuës dans la République des Lettres, qui ont paru se défier des hautes spéculations de la Géometrie & leur refuser les methodes infaillibles. Ce second Préjugé n'est guere qu'une compilation.

Le troisiéme est appuyé sur les profondeurs & les incompréhensibilités des Mathematiques, avoüés par les plus grands Mathematiciens.

Le quatriéme eſt établi ſur le peu d'unanimité qui ſe trouve parmi les Géometres ; ce quatriéme Préjugé eſt hiſtorique.

Dans le cinquiéme on fait voir que nous ne connoiſſons point aſſez l'objet des Mathematiques, pour qu'elles puiſſent nous conduire à la haute certitude.

Dans le ſixiéme on tire pluſieurs Paradoxes Géometriques du ſyſtême des indiviſibles. Ces Paradoxes ruinent les fondemens de la Géometrie.

Dans le ſeptiéme on fait voir que les Mathematiques ont peu contribué à la perfection des Arts. J'ai joint à ces Préjugés quelques penſées ſur l'Aſtrologie qui m'ont paru neuves, & voulant conſulter là-deſſus le goût du Public ; je les lui ai propoſées dans le diſcours qu'ont rouve à la tête de cet Ouvrage.

DISCOURS PRELIMINAIRE.

PENSE'ES CRITIQUES SUR LA GEOMETRIE.

Es Mathematiques sont établies sur de très-bons fondemens, mais on les idolâtre trop. L'autorité des Geometres a une puissance qui la rend tiranique. Elle fait sur les esprits des impressions qui sont trop profondes. L'examen que nous faisons pour l'ordinaire des conséquences de Géometrie, n'est point pour nous convaincre de leur verité; c'est au contraire pour les envisager avec des yeux de conviction & pour rendre hommage à la certitude de ses principes, sans les avoir jamais bien examinés. Il faut avoir pour les Géometres une déference qui semble nous rendre les esclaves de leur autorité ; ils ne peuvent se resoudre à partager les hommages de notre esprit. S'ils apperçoivent en vous des semences Pirroniennes, vous n'aurez plus la participation de leurs mysteres, ils sont pour vous des Hierorphantes de l'Hellenisme. Si vous voulez vous-même devenir Géometre, il faut voüer vos incertitudes, il faut resserer les bornes de vos doutes, & puis entrer avec une confiance dogmatique dans la carriere de la Géometrie. On vous ordonne d'y courir la tête levée, & d'appuïer sans scrupule sur les vestiges qui y sont tracés.

Si vous observez avec inquiétude l'échement qui vous soutient, vous donnez des marques d'une terreur puerile, on vous accuse de précaution indiscrete. Il n'est pas permis de frapper sur ses fondemens pour mieux s'en assurer, ce seroit toucher au grand Serapis, le monde retourneroit à son premier cahos.

Les Sciences ont des principes qu'on ne doit jamais perdre de vüë, qu'après les avoir assurés contre toutes les attaques du Sceptisme. On ne doit point élever un bâtiment de certitude sur des fondemens de conjectures ; ce seroit bâtir avec des cailloux ſur une planche qui eſt livrée à la merci des vagues. Quand on aime la verité & qu'on redoute l'erreur, on ne va pas ſi aiſément ſe retrancher ſous le *Canon* de la foi humaine.

L'antiquité a fourni des ſectes, qui ont partagé les hommes plus éclairés que le vulgaire. A qui le vulgaire pouvoit-il tendre les bras, dans le conflit d'un ſi grand nombre d'opinions diſcordantes & ſi oppoſées ? Ceux qui en étoient les fauteurs, étoient également accredités.

La raiſon, quoique tremblante & incertaine, doit nous guider au milieu même de nos incertitudes ; c'eſt une étincelle de lumiere que Dieu a placé dans l'homme, pour lui découvrir ce qui eſt dans la Sphere des devoirs de la vie, mais qui ſe perd & qui s'éteint quand elle eſt expoſée dans les cahos des diſcuſſions.

Malgré toutes les bornes qui la reſſerrent, elle a une reſſource infaillible ; quand elle ſe ſent engloutir, elle doit reculer. Il vaut mieux n'avancer jamais, que de perir dans des abîmes ; il eſt plus ſage d'attendre les évenemens de ſa deſtinée ſur la pointe d'un rocher qui eſt environné d'écüeils, que de s'y précipiter. Tous les Géometres du monde iroient ſe jetter dans l'Océan, je leur laiſſerois le triomphe d'une ſi glorieuſe ſepulture ; je resterois sur la terre, pour leur ériger des trophées.

On ne doit point rendre hommage aux pensées des hommes, si la raison ni acquiesce pleinement. Un Philosophe Chinois ne doit point consulter aveuglément la Théologie du Paganisme, ni les opinions qui sont les plus reçûës ; il ne doit suivre que sa lumiere naturelle. Les Théologiens même de l'Ecole conviennent qu'il est du ressort de la raison, de faire choix des motifs de credibilité.

La raison est donc un premier tribunal auquel il faut satisfaire. Elle doit être incorruptible dans les jugemens qu'elle porte ; elle ne doit point recevoir d'opinion pour certaine, qu'elle n'ait un caractere entier d'évidence, & qu'elle ne fasse sur l'esprit autant d'impression que la verité de cet axiome, *le tout est plus grand que sa partie*. Voilà le vrai modele de la certitude.

La certitude consiste dans un point indivisible. Elle n'est susceptible d'aucun accroissement, & ne peut être placée dans des dégrés inferieurs les uns aux autres. Quand vous n'appercevez point la verité d'une proposition Géometrique, aussi distinctement & aussi pleinement que vous concevez la verité de l'axiome, *le tout est plus grand que la partie*, vous devez la tenir pour suspecte.

Que les Géometres rentrent un peu en eux-mêmes, & qu'ils examinent bien si tous leurs principes sont d'une évidence égale à celle de la proposition précedente.

Il y a eu peu de Philosophes qui ayent douté de leur propre existence. Les plus outrés Sceptiques, Clitomaque, Carneade & Filon, en étoient convaincus. Vous avez eu au contraire des anciens & des modernes, qui ont mis en problême la verité des consequences Géometriques. Les Académiciens, les Sceptiques, les Cyrenaiques, les Sectateurs de Protagoras & de Démocrite, n'avoient garde de rien assurer en faveur de la Géometrie.

Nous avons eu dans le siecle dernier des personnes illustres, qu'on sçait n'avoir pas été tout-à-fait Dogmatiques. La Préface que M. Huet a mis à sa démonstration Evangelique, (a) bien meurement examinée, prouve qu'il étoit Philosophe peu different de ceux que Sextus Empericus nomme *Aporetiques*. Les Pic de la Mirandole, M[rs]. Baile, la Mothe le Vahier, Gassendi, Montagne, LOCK, &c. ont paru avoir quelque goût pour l'ataraxie des Sceptiques, & comprendre dans l'étenduë de leur doute tout ce

(a) Le livre intilulé, *La foiblesse de l'esprit humain*, convaincroit M. Huet de Pirronisme.

que nous appellons verités Mathematiques.

Il y en a d'autres dans la République des Lettres, qui y sont comme dans un état politique. Ils s'enveloppent dans les voiles de la circonspection. Ce sont des animaux si amphibies, qu'on ne sçait pas à quelle nature ils tiennent le plus. On pourroit appliquer à ces sortes de gens, ce qu'Ariston disoit d'Arcesilas, qu'il étoit Platon par devant, Pirron par derriere, & Diodore par le milieu.

La Géometrie a assez de rapport à une Religion dominante: le petit parti qu'elle a contre elle, est étouffé par le grand nombre de ses Sectateurs, & tout cela forme un sophisme d'autorités, qui prévient l'esprit & qui l'éblouït.

Si un jeune esprit reçoit les premieres impressions d'un habile Sceptique, qu'il sçache bien manier un raisonnement, vous le verrez bien-tôt s'acheminer à l'ataraxie, & former autant de doutes que Pirron lui-même. Si vous le livrez aux soins d'un Géometre, il deviendra aussi fier Dogmatique que le plus outré d'entre les Stoïciens.

Il suce en naissant des impressions favorables aux Mathématiques; il est prévenu qu'elle est une science qui ne laisse aucun doute à des esprits qui sont éclairés ; il attribue au défaut de sa conception l'obscurité qu'il ne peut percer, il va avec confiance au milieu même des ténébres.

Il y a de l'obscurité dans les Mathematiques, les Mathematiciens n'en disconviennent pas. Il y a des profondeurs où l'esprit se perd & se confond. » Rien » n'est plus étonnant que les verités dé» montrés touchant les Incommensura» bles. (C'est M. Malhesieu qui parle.) » La ligne A C & la ligne A D ont chacu» ne une infinité d'Aliquottes parcilles, & » dans ce nombre infini je ne puis jamais » trouver une seule qui puisse être l'Ali» quotte des deux lignes.

» Je puis prendre, par exemple, la » cent milliéme partie de la ligne A C, la » deux cent milliéme, la quatre cent mil» liéme partie, & ainsi doublant toujours » à l'infini, sans que jamais aucune de ces » parties puisse être contenuë précisément » un certain nombre de fois dans la ligne » A D.

» Je puis même choisir une infinité » d'Aliquottes de la ligne A C d'un or» dre tout different. Je puis prendre la » trois cent milliéme partie, la neuf » cent milliéme, & ainsi triplant tou» jours à l'infini, sans que jamais dans » cette infinité d'infinis je puisse trouver

» une partie qui mesure exactement la li-
» gne A D.

» Cette verité démontre invinciblement la divisibilité de la matiere à l'infini, ou pour s'exprimer autrement, que l'étenduë ne peut être composée d'Indivisibles. Car si le côté du Quarré, par exemple, étoit composé d'Indivisibles, il en contiendroit necessairement un certain nombre; ainsi l'un de ces Indivisibles seroit Aliquotte de ce côté. Prenant maintenant l'un de ces Indivisibles ou Aliquottes pour mesurer la Diagonale, il y sera contenu précisément un certain nombre de fois, ou avec un reste. Si vous dites qu'il y est contenu précisément un certain nombre de fois, voilà la Diagonale commensurable au côté, ce qui a été démontré impossible. Si vous dites que cet Indivisible est contenu un certain nombre de fois dans la Diagonale avec un reste, je vous demande ce que c'est que le reste d'un Indivisible? Ce reste sera necessairement plus petit que l'Aliquotte dont il est resté, & par consequent cette Aliquotte n'étoit pas indivisible contre la supposition; donc l'étenduë n'est pas composée d'Indivisibles.

» Il n'y a rien de démontré si cela ne l'est pas; car de dire comme certaines

» gens, qu'il n'y a point de Quarrés parfaits, par conſequent point de cotés ni de Diagonales, c'eſt raiſonner pitoyablement.

» Il n'eſt pas neceſſaire qu'il y ait au monde ni des Quarrés, ni des Triangles, ni des Cercles, pour établir la verité des démonſtrations Géometriques, il ſuffit de leur poſſibilité. Quand Dieu n'auroit jamais créé la matiere, elle eût toujours été poſſible. Un Etre intelligent à qui il lui auroit plû reveler les verités Géometriques, les eût parfaitement entenduës; cet Etre ſouverain, ſource de toute verité, auroit bien ſçû du moins qu'un Triangle poſſible étoit moitié d'un Parallelegrame poſſible. On ne peut pas même pouſſer aſſez loin l'extravagance, pour oſer dire que quand bien il n'y auroit à preſent dans l'Univers aucun Agent créé, qui pût tracer un Quarré parfait, il fût impoſſible à celui qui a créé la matiere, d'en enfermer une petite portion dans une eſpace parfaitement quarré. Ainſi la verité des Incommenſurables ſubſiſte invinciblement. Voilà donc les Points démontrés impoſſibles; mais voici bien autre choſe.

» Si le Point eſt impoſſible, qu'eſt-ce donc que la rencontre des deux côtez

» qui forment l'Angle du Quarré ? Si le » Point est impossible, le Cercle est im- » possible. Car si Dieu forme une Boule » parfaite, & qu'il la pose sur un plan » parfait, le point de contingence aura- » t-il quelque étenduë ? S'il a quelque » étenduë, il est Surface, ou pour le moins » Ligne; ainsi la Tangente & le Cercle » auront une étenduë commune, contre » ce qui est démontré dans la onziéme » proposition du troisiéme livre. Direz- » vous que Dieu ne sçauroit faire un Cer- » cle parfait ? Vous aurez plutôt fait de » dire que Dieu n'est pas, que de borner » si ridiculement sa puissance.

» D'ailleurs quand je considere attenti- » vement l'existence des Etres, je com- » prens très-clairement que l'existence ap- » partient aux Unités, & non pas aux » Nombres : Je m'explique.

» Vingt hommes n'existent, que par- » ce que chaque homme existe ; le nom- » bre n'est qu'une dénomination exté- » rieure, ou pour mieux dire une répé- » tition d'unitez, ausquelles seules ap- » partient l'existence. Il ne sçauroit jamais » y avoir vingt hommes, s'il n'y a un » homme. Cela bien conçû, je vous de- » mande : ce Pied cubique de matiere, » est-ce une seule Substance ? en sont-ce » plusieurs ?

» Vous ne pouvez pas dire que ce soit » une seule Substance ; car vous ne pour- » riez pas seulement le diviser en deux ; » si vous dites que c'en sont plusieurs, » puisqu'il y en a plusieurs, ce nom- » bre tel qu'il soit, est composé d'uni- » tés. S'il y a plusieurs Substances existan- » tes, il faut qu'il y en ait une, & cette » une ne peut en être deux : Donc la ma- » tiere ne peut être composée de Substan- » ces indivisibles.

» Voilà notre raison réduite à d'étran- » ges extrémités. La Géométrie nous dé- » montre la divisibilité de la matiere à » l'infini, & nous trouvons en même » tems qu'elle est composée d'Indivi- » sibles.

» Humilions-nous encore une fois, & » reconnoissons qu'il n'appartient pas à » une Créature, quelqu'excellente qu'el- » le puisse être, de vouloir concilier des » vérités dont le Créateur a voulu lui ca- » cher l'incompatibilité.

Voilà pourtant un excellent Mathématicien, qui reconnoît les bornes de son esprit à un tel point, qu'il avoüe être également excité à admettre les deux contradictoires.

Le résultat de toutes ses réflexions, est qu'il faut s'humilier. La question des Incommensurables est donc tout-à-fait problématique ; c'eſt ce que paroît conclure M. de Malheſieu.

Si un Géometre avoit affaire à un Sceptique qui ſçût bien faire valoir les dix moyens d'époque, il ſe trouveroit réduit à des extrémités bien embarraſſantes. Il lui feroit perdre terre, & puis après cela il le laiſſeroit flotter au gré des vagues. » Si les Pirroniens, dit M. Bayle, ſçavoient » s'arrêter aux dix moyens de l'époque, » & s'ils ſe bornoient à les employer con- » tre la Phiſique, on pourroit encore né- » gocier avez eux : mais ils vont beau- » coup plus loin. Ils ont une ſorte d'arme » qu'ils nomment Diallele, qu'ils em- » poignent au premier beſoin ; après cela » on ne ſçauroit faire ferme contre eux » ſur quoi que ce ſoit. C'eſt un Labirinthe » où aucun fil d'Ariadne ne peut donner » nul ſecours. Ils ſe perdent eux-mêmes » dans leurs propres ſubtilités, & ils en » ſont ravis, vû que cela ſert à montrer » plus nettement l'univerſalité de leur hi- » potheſe, que tout eſt incertain ; de » quoi ils n'exceptent pas même les argu- » mens qui attaquent l'incertitude. On va » ſi loin par leur méthode, que ceux qui » en ont bien pénétré les conſéquences » ſont contraints de dire qu'ils ne ſça- » vent s'il exiſte quelque choſe. (a)

(a) Bayle, *Dict. hiſt. & crit. tom.* 3. *p.* 905.

Il faut, ſi nous voulons découvrir la vérité, & la poſſeder ſans danger, que nous l'allions chercher comme Palamedes fit Uliſſe, & le jeune Ariſtée le Dieu Marin, aux lieux où elle ſe cache. Il faut remonter juſqu'à la ſource des principes. Là on trouve la verité en évitant l'erreur.

Il faut pour faire du progrès dans les Mathématiques, y entrer avec des diſpoſitions d'indifference. La voye que ſuivent les Chrétiens, ne doit avoir lieu que dans les matieres de Religion : on croit toujours malgré l'incompréhenſibilité des Miſteres, la Foi eſt un feu dévorant qui conſume toutes les inquiétudes de la raiſon Dans les matieres qui n'intereſſent point la Religion, on ne doit pas en uſer de la ſorte; on ne conſulte que la voix de l'examen; on donne tout au raiſonnement. Il eſt permis de faire joüer toutes ſortes de batteries pour ébranler les fondemens d'une opinion, que ſon antiquité rend vénérable. Toutes les matieres, dis-je, qui n'ont point d'analogie avec la Foi, forment un grand cirque, où il eſt permis à tout eſprit de livrer combat, & de battre en retraite, quand bon lui ſemble. (*a*)

Il faut que le jugement formé par le deſir de trouver la vérité, nous tienne

(*a*) *Mundum tradidit diſputationi eorum.*

lieu du glaive d'Achille, qui seul pouvoit guérir les playes qu'il avoit faites. C'est par le moyen de cette critique salutaire, que Vivès, Scaliger, Bodin, Casaubon, Montagne, Possevin, Descartes, Cardan, Bacon, de Verulant, Malbranche, Bayle, Naudet, &c. ont frayé le chemin de la vérité, en évitant celui qui conduit à l'erreur.

Il seroit à souhaitter qu'on ne s'appliquât à l'étude des Mathématiques, que lorsqu'on est rempli d'une grande érudition de Philosophie, c'est-à-dire, que lorsqu'on aura entassé bien des réflexions; ce qui ne s'acquiere d'ordinaire qu'après une profonde lecture des Auteurs qui ont le plus excellé en chaque science. Il faudroit accorder aux Mathématiques le privilege qu'avoient anciennement l'Apocalipse, & le dernier chapitre du Prophéte Esdras, qu'on ne pouvoit lire que lorsqu'on avoit atteint l'âge de quarante ans.

Pour être en effet bon Mathématicien, il faut pouvoir tenir ferme contre toutes les irruptions des Philosophes. Il faut pouvoir être inébranlable au milieu de tous les assauts. Je connois pourtant bien des Géometres qui résoudroient un Problême, & des Astronomes qui prédiroient une Eclipse, qui seroient battus à plate couture par un ferailleur, par un faiseur de raisonnemens.

Il faudroit, si on le pouvoit, obvier à ces honteuses défaites, & se mettre en état de résister. L'expédient le plus sûr pour cet effet, est d'élever des boulevars qui soient à l'épreuve des batteries du Sceptique, & qu'on puisse opposer aux dix moyens de l'époque, & à toutes les autres machines.

Le goût du siécle est tout different. On aime mieux nous assassiner par mille & mille volumes de Géometrie élémentaire, que de creuser des fondemens surs, & de les assurer contre toute mauvaise fortune. Ce défaut est commun à toutes les sciences. Un Théologien Scholastique va vous entretenir sans fin sur les Sacremens en général, sur les infusions de la grace, &c. Mais si vous le placez dans une autre sphere ; si vous lui mettez en tête un habile Socinien ; si vous lui opposez un Déiste, qui sçache manier un raisonnement avec subtilité ; si vous lui donnez pour Antagoniste un génie qui soit solide, vaste & pénétrant, qui examine tout selon les regles de la critique la plus sévere, vous mettrez quelquefois M. le Docteur hors des gonds ; il vous dira : Vous vous repaissez de chimeres.

Il n'y a point d'ouvrage de M. Bayle, où ce dangereux Critique n'ait attaqué les premiers fondemens de la Religion. On voit qu'il a sué pour établir le Pirronisme, & qu'il a mis en œuvre tout ce qu'une raison éclairée, (quoique téméraire,) a pû suggerer de plus spécieux pour combattre généralement tous les Mysteres de la Religion. Fauste Socin auroit dû être un Bayle, pour être le fondateur de la terrible Secte qui porte aujourd'hui son nom. Cependant, excepté Mrs. Jurieu, Leibnitz, le Clerc & Jacquelot, (*a*) qui se sont un peu escrimez avec M. Bayle, où sont les Auteurs qui se soient présentez les armes à la main, pour être les défenseurs de l'Orthodoxie? Pense-t-on que la critique envenimée de Monsieur Bayle soit moins nuisible à la vérité, & qu'elle fasse moins d'impression sur l'esprit & sur le cœur, que les légeres hétérodoxies d'un Théologien amateur de sistemes. (*b*)

(*a*) Voyez à la fin du second Volume des Pensées diverses de M. Bayle, les reproches de M. Jurieu. Lisez de M. Leibnitz, les Essais de Théodicée de M. le Clerc, le Traité de l'Incredulité de M. Jacquelot, le Traité de la Conformité de la Foi avec la raison. Nous avons depuis peu une refutation très ample du Pirronisme de M. Bayle par M. Crouzas. Le P. Merlin a aussi critiqué M. Bayle pour justifier le sentiment de saint Augustin, que M. Bayle attaque vivement dans son Commentaire Philosophique.

(*b*) Voyez de M. Lock, la Religion raisonnable sur les articles fondamentaux,

Vous

Vous voyez cependant, pour la moindre controverſe, des volumes immenſes pleuvoir impitoyablement ſur la République des Lettres, & en faire gémir les habitans. Il y a là de quoi faire perdre patience au plus brave Stoïcien.

Les ouvrages de M. Bayle ſont remplis d'un venin ſi proportionné aux diſpoſitions d'un cœur corrompu, qu'ils préviennent aiſément l'eſprit le plus attentif à ne point ſe laiſſer préoccuper. Ils font naître dans l'eſprit du Lecteur les mêmes ſentimens dont il étoit rempli, & nous en rempliſſent nous-mêmes. Ils ſont aujourd'hui indifferemment entre les mains de tout le monde. Le commun des hommes eſt trop corrompu pour ne pas ſucer avec empreſſement tout ce qu'il peut y avoir de pernicieux. Cependant un Déclamateur qui dit avec beaucoup de flegme que M. Bayle ne s'eſt pas reſſerré dans les juſtes bornes de la critique, s'applaudit pour l'ordinaire d'avoir ainſi préparé à l'eſprit un antidote contre, les mauvaiſes impreſſions que fait naître la lecture de ſes ouvrages. Je ne croi pas qu'on doive goûter cette conduite. Quand un Orateur n'en peut pas dire davantage à ſon auditoire, il eſt beaucoup plus à propos qu'il ſe taiſe ſur cet article.

Il y a deux occaſions où on doit ſe tenir extrêmement sur ses gardes; c'est lorsqu'on écrit en faveur de la Religion, & qu'on a à combattre un adversaire accrédité. Quand on est encore foible, il ne faut pas entrer en lice; il ne faut pas braver une Athlete robuste, & qui s'est signalé.

Je voudrois que quelqu'habile Scholastique empruntât la méthode des Géometres pour livrer bataille aux ouvrages de M. Bayle, & qu'on ne se contentât pas d'imiter ces sortes d'Aventuriers, qui viennent vous faire le coup de pistolet, pour vous harceler, sans en venir jamais à rien de décisif.

PENSE'ES

SUR L'IDOLATRIE.

LEs Payens tomboient dans les mêmes défauts de raisonnemens que nos Géometres, qui ne cherchent qu'à tirer des conséquences, & non point à affermir leurs principes autant qu'il seroit nécessaire. Ils ne vouloient point remonter aux premiers fondemens de l'Hellenisme; & quand on les y conduisoit, ils reconnoissoient pour lors une Puissance supérieure, une Divinité qui présidoit à tous les autres Dieux subalternes, qui n'avoient d'autorité que celle qui leur émanoit du Dieu suprême. C'étoit des Esprits créés, à qui le grand Dieu avoit donné l'empire du monde. C'étoient des Vice-Rois. Ils ressembloient presque en tout à nos Anges tutelaires. (*a*)

Ils rendoient hommages & faisoient des offrandes à ces Dieux, dans le même esprit que nous rendons des honneurs à nos Saints, afin de nous les rendre propices. Ils n'étoient pas, par exemple, assez aveuglez, pour croire que Jupiter qui avoit été tout récemment Roi de Crete, fût devenu tout d'un coup l'Arbitre souverain de la Nature; ils appercevoient bien qu'il devoit y avoir quelque Divinité qui l'eût précedé. Et quand ils disoient que Jupiter étoit le premier de tous les Dieux, ils vouloient dire que le grand Dieu qui ne vouloit point entrer dans le détail des choses d'ici bas, lui avoit donné le gouvernement général du monde; qu'il l'en avoit fait Roi, & que toutes les autres Divinitez n'étoient que des Officiers subalternes; qu'Auguste après son apotéose, avoit obtenu de Jupiter le gouvernement

(*a*) Voyez Celse dans Orig. Porph. Dans Fleuri Mercure Trism. Voyez aussi Plotin & Jamblique.

de quelques Provinces, & qu'il avoit été admis au souverain Conseil.

Comme ils croyoient que les Démons formoient un parti contraire à celui de Jupiter, & qu'ils ne pensoient qu'à le détrôner, ils se comportoient avec la même réserve dont nous pourrions user, si nous étions dans les circonstances d'une guerre civile ; ils se rangeoient du côté qu'ils pensoient être le plus fort.

Les Poëtes qui en qualité de Théologiens du Paganisme, étoient les Auteurs de ces sistêmes, les ont ensuite exposez à la raillerie de tout ce qu'il y a eu de gens judicieux, en les plaçant dans le dernier point du ridicule. Ils ont fait une Légende dorée des merveilles fabuleuses de chaque Dieu. D'autres fois ils en ont dit pis que pendre. Ils ont même dans de certaines occasions parlé avec autant de liberté sur les mœurs & sur le gouvernement des Dieux, qu'on peut le faire en Angleterre & en Hollande, lorsqu'on n'y est pas satisfait du Ministere.

Il s'est trouvé parmi les Payens des Philosophes, qui ont prétendu que toutes les Divinitez de l'Hellenisme pouvoient se réduire à une. Lactance soutient que l'unité de Dieu a été connuë à plusieurs Payens, à Orphée, à Virgile, à Thales, à Antistene, à Cléante, à Anaximene, à

Ciceron; & il le prouve par des têmoignages autentiques tirez de leurs livres.

Le vulgaire s'eſt toujours laiſſé conduire aveuglément par les impreſſions qu'il a reçûës des perſonnes qu'il a jugé être extraordinaires. Il a idolâtré toutes les Idoles qu'on lui a dreſſées, & reçû avec empreſſement les penſées chimériques & impertinentes qui lui ont été communiquées. Rien ne ſembloit moins difficile à découvrir que la ridicule oſtentation des Légiſlateurs. Ils ont cependant aſſujetti les peuples; ils les ont rendu idolâtres de leurs loix, en faiſant paſſer leurs loix pour divines.

Triſmegiſte ſe vantoit de tenir ſes loix de Mercure, Zamolxis de Veſta, Charondas de Saturne, Minos de Jupiter, Licurge d'Apollon, Draco & Solon de Minerve, Numa de la Nimphe Egérie, & Mahomet de l'Ange Gabriel. Nous avons eu dans ces derniers ſiécles des hommes qui ſe ſont illuſtrés, en ſe faiſant gloire de la ſacrée Theurgie, comme firent Jacques Buſſularius pour dominer quelque tems à Pavie, Jean de Vicence à Bologne, & Savonaroles à Florence. On a eu ſous les regnes de Charles IX. & de Henri III. les Enigmes des Caballiſtes, les Combinaiſons des Lulliſtes s'y répandre & s'y ſoutenir avec éclat. Tout le monde ſçait combien l'Astrologie y fut en crédit.

Les hommes sont partagez en un nombre infini de Sectes qu'on voit se multiplier. Une opinion avoit tant de Proselites, demain elle sera abandonnée, elle n'aura pas un seul Partisan. Aujourd'hui elle n'a point de Sectateur, demain elle en aura mille. (*a*) Les nouveaux Géometres ont cherché querelle aux anciens. On les a accusé d'avoir donné dans bien des erreurs, de s'être trompé dans les calculs & dans les observations Astronomiques. Cependant il faut observer que les anciens Géometres croyoient raisonner sur des principes certains & immuables. L'on pourroit peut-être bien conclure de-là, que nos Géometres dans quelques siécles d'ici seront traitez de la même sorte qu'ils traitent actuellement les Anciens.

(*a*) Virgilius, Evêque de Salibourg, fut déclaré heretique par Boniface VIII. Archevéque de Mayence & Legat du Pape Zacharie, parce qu'il enseignoit qu'il y avoit des Antipodes ; son Jugement fut confirmé par le Pape Zacharie, à ce qu'écrit Avantin auteur Allemand, & tout cela fondé sur les froides plaisanteries de saint Augustin, qui ne pouvoit comprendre que des hommes & des arbres fussent pendans en l'air. Lactance n'étoit point le partisant des Antipodes, & Platon, qui est le premier qui les a imaginées, n'a commencé à avoir des Sectateurs que depuis quelques siecles.

On ne doit donc point m'accuser de témérité, si je parle un peu librement sur des matieres qui n'ont aucune analogie avec la Religion.

Après avoir retranché du Paganisme les cruautez de Mitra, les infamies de Venus, les pueriles superstitions des Métamorphoses, on pourroit en faire un Corps de Sistême, qui n'eût pas été plus extravagant que le composé misterieux des trente-six Eones Valentiniennes. Il est même moins ridicule de laisser gouverner le monde à des Puissances subalternes, à de pures Créatures (*a*) tels qu'étoient les Dieux inférieurs du Paganisme, & reconnoître un Etre suprême, un Etre éternel, que d'admettre la génération fabuleuse de Valentin.

Les Idoles dans le sistême des Payens, n'étoient que l'objet indirect de leur culte. On honnoroit la Statuë d'un Zoroastre, d'un Appollonius, d'un Simon, celle même d'un Empereur déïfié dans le même esprit que nous honorons les Images de nos Saints. (*b*)

(*a*) Je nomme les Dieux du Paganisme de pures Créatures, parce qu'on ne les regardoit pas comme des Etres éternels.

(*b*) *Neque enim Ethinici eos imagines pro Diis ipsis propriè, sed pro Deorum suorum signis & simulacris habuerunt.* Cath. Ecclef. Poloni, seu Socinianorum, sect. de preceptis Christ. cap. 1.

Il y avoit par tout l'Empire des Statuës d'Auguste ; on leur rendoit les hommages divins. On sçavoit pourtant bien que ce n'étoit pas à ces sortes de Statues que le culte devoit se terminer ; ce n'étoit par conséquent ni de l'or, ni du cuivre, ni du bronze qu'ils adoroient ; c'étoit à Auguste lui-même qu'on faissoit des Sacrifices. On croyoit qu'il étoit du Conseil de Jupiter, à qui le Dieu souverain avoit donné l'Empire du monde, & qu'il avoit part au gouvernement des choses humaines. Voilà le motif de l'Apothéose. S'ils erroient, c'étoit en supposant un faux principe. Ils déifioient un Empereur sans fondement, mais après l'avoir mis au nombre des Dieux subalternes, il étoit juste de lui rendre les honneurs divins, & de tâcher de se le rendre favorable.

Ce n'étoit pareillement ni des Chats, ni des Oignons, ni des Crocodrilles qu'on idolâtroit dans l'Egypte. On les honoroit parce qu'ils étoient l'emblême de quelques mysteres qui ne parvenoient pas à la connoissance des Profanes. Tout le monde sçait, par exemple, que le Bœuf Apis étoit le Jérogliffe de la Nature. (a)

(a) Voyez M. Jurieu, hist. des Dogmes vrais & faux de l'Eglise. Lisez Pufendorf sur l'Idolâtrie de Jeroboam, dans son Traité de la Nature & de la Religion. Voyez Herbert, *de Religione Gentilium*. Marsham. *Canon Ægyptiacus.*

J'avoüe

J'avoue qu'il pouvoit très-bien arriver que le Payen grossier & peu éclairé eût des pensées moins nobles de sa Religion ; il pouvoit peut-être bien terminer son culte à l'objet qui lui frappoit les sens. Il y en avoit sans doute qui regardoient le Colosse de Sérapis comme le véritable soutien de toute l'Egypte. Toute risible que fût la Statue de la vieille Latone, bien des esprits travaillés d'une supertition aveugle & stupide, la prenoient pour la véritable Médiatrice entre Dieu & les hommes.

Je ne pense pas qu'il fallût attaquer les Payens sur cet article. Nous avons parmi les Chrétiens des gens simples & plus grossiers qu'on ne sçauroit se l'imaginer. Je croirois même assez volontiers que tous les esprits n'ont pas assez de subtilité & de méthaphisique pour saisir ce qu'il y a d'orthodoxe dans le Mystere de la Trinité. Il est dangereux que parmi un si grand nombre de personnes peu instruites, il ne s'en trouve beaucoup qui donnent ou dans la pluralité des Dieux, ou dans l'Unité des Personnes.

Quand on veut attaquer le Paganisme, il faut s'en tenir aux superstitions générales qui lui servent de fondement. On ne doit point mettre en ligne de compte la superstition des particuliers. La vérité conduit quelquefois à l'erreur, quoiqu'indirectement. On ne déduit pas toujours des conséquences justes d'un principe qui est vrai. Le Christianisme a été l'occasion d'une infinité de Paralogismes impertinens. Les hérésies des premiers siécles en sont une preuve fort autentique.

Il faudroit avoir bien de la force dans le raisonnement, pour convaincre des Payens tels qu'étoient Porphire, Celse, Julien, &c. Si vous les prenez du côté de l'impureté des mœurs, si vous leur reprochez des infamies, des cruautés; ils vous diront que vous combattez le Paganisme par la corruption de ses mœurs, & que vous n'en connoissez point les dogmes. Ils anathématiseront avec vous tous les exécrables Sacrificateurs qui répandoient le sang humain. Ils conviendront que ce sont des monstres en cruauté, qui abusent de ce qu'il y a de plus saint & de plus sacré pour assouvir leur rage & leur fureur; qu'ils sont des impies qui n'ont point de religion, ou que s'ils ont de la religion, ils n'en suivent point les principes; qu'ils négligent les aphorismes de leur morale, qu'ils y ont même introduit des maximes étrangeres & superstitieuses; que le goût de la Fable leur a corrompu le jugement; qu'au reste vous, Chrétien, vous ne devez pas vous prévaloir de ce qu'on a prétendu introduire dans le Paganisme des dogmes fabuleux, des maximes perverses, cruelles & impies, puisque les Chrétiens ont eu le même assaut à soutenir; qu'ils ont vû naitre parmi leurs Zelateurs, les infâmes Gnostiques, les Sectateurs du Paraclet, les Valentiniens ; qu'ils se sont trouvez assiegez en même tems par mille Sectes toutes plus ridicules les unes que les autres ; que lorsque la Sinagogue subsistoit, elle étoit partagée en trois factions ; que l'une ne reconnoissoit ni la providence de Dieu ni l'immortalité de l'ame ; que l'autre admettoit la métempsicose, & que la troisiéme avoit bien des maximes qui l'ont exposée & à la haine & au mépris. (*a*)

Ils vous diront de plus, qu'il ne peut y avoir de méprise sur le nom de Dieu qu'on donne à des objets que nous sçavons être tout récens ou imaginez ; que si l'on appelle un fleuve un Dieu, c'est parce que ses eaux sont salutaires ; que l'esprit de superstition a ensuite donné lieu à des fables ; que Scamandre avoit, par exemple, des eaux d'une grande vertu, que les Médecins ont ordonné de s'y baigner, peut-être pour préparer les femmes à concevoir, & avec moins de danger. C'est une proprié-té qu'ont la plûpart des bains que nous avons en France ; qu'on s'y est laissé quelquefois conter fleuretes, & que de là

(*a*) Voyez Joseph, histoire des Juifs.

eſt inſenſiblement venu la coutume de faire offre de ſa virginité à Scamandre, & de la lui laiſſer en dépôt. On ſcait que le bon Fleuve s'incarnoit quelquefois, & qu'il revêtit dans des circonſtances très-favorables la forme d'un Capitaine Athenien, la Fiancée pénétrée de reconnoiſſance, ſe laiſſa aller entre les bras du Fleuve, & toute l'aſſemblée rendit gloire au Dieu.

Ils vous diront enfin que dans le Paganiſme éclairé, il n'y a jamais eu qu'un Dieu ſuprême, Arbitre ſouverain des Dieux ſubalternes; que ces Dieux ſubalternes ſont des Miniſtres qui gouvernent le monde, auſquels nous devons du reſpect, des offrandes & des ſacrifices; qu'en ſe ſoumettant à ces Dieux ſubalternes, on honore plus parfaitement le Dieu ſouverain, que ſi on s'adreſſoit immediatement à lui; que l'origine du mal, qui a été la pierre d'achoppement des Chrétiens, (*a*) prouve le gouvernement des Puiſſances ſubalternes. Ils vous feront ici un étalage de tout ce que M. Bayle a dit de plus fort en faveur des deux principes.

Si vous lui demandez pourquoi cette

(*a*) Voyez la conformité de la raiſon avec la foi de M. Jacquelot & Leibnitz. Voyez auſſi les Réponſes de Bayle, le Dict. hiſt. & crit. aux articles des Pauliciens, des Manichéens & De Xenophanes.

Sageſſe ſuprême s'appercevant de tout le déſordre du gouvernement de ce bas monde, n'y remedie-t-elle pas par un effet de ſa toute puiſſance ? Ils vous répondra que ſelon même les fondemens du Chriſtainiſme, Dieu a bien vû preſque tous les hommes courir dans la voye de la perdition, ſans leur deſſiller les yeux ; qu'il leur a bien permis de ſe repaître de mille illuſions, de ſe corrompre l'eſprit & le cœur, qu'il les a laiſſé croupir dans les abominations. Ils vous diront auſſi qu'il a bien laiſſé ſur le Trône des Souverains qui étoient indignes de regner ; que ſuivant les idées même du Chriſtianiſme, l'empire du demon a prévalu ſur celui de Jeſus-Chriſt, ſans que Dieu qui gouverne tout par une providence immediate, remedie à toutes ces déſolations.

Ils vous diront que les Païens déclament quelquefois avec fondement contre les Miniſtres de ces Dieux ſubalternes ; parce que n'étant que des intelligences bornées, ils ne laiſſent pas d'être ſuſceptibles de quelques mouvemens de colere, de haine, d'amour, &c. que la paſſion les domine quelquefois, & que delà proviennent tous les déſordres qu'on apperçoit dans la nature : qu'ils gouvernent le monde en politiques, & ſelon des vûes interreſſées.

Qu'il eſt libre à chaque Nation de choiſir ſes Dieux, ſelon la maxime des Républiquains, ou des Empires électifs. Que comme ces Dieux ſubalternes ont des interêts à ménager, ils ſont les cauſes inviſibles des guerres qui déſolent les pauvres humains, qu'ils envoyent les famines, les peſtes, &c.

Que le Dieu Souverain leur avoit bien preſcrit le gouvernement qu'ils devoient obſerver, mais qu'ils ne le ſuivent pas ſelon toute ſon étenduë; qu'ils s'en écartent par des vûës particulieres, & que c'eſt en s'en éloignant qu'ils laiſſent appercevoir des défauts dans leur miniſtere.

Ils vous diront enfin que comme Dieu n'agit que par des cauſes ſecondes, ſelon le ſiſtême des Philoſophes modernes, il n'a pas voulu influer immediatement & par lui-même dans le gouvernement de l'univers.

Si M. Bayle avoit enviſagé le Paganiſme de ce point de vûë, il ſe ſeroit peut-être bien donné de garde de préferer l'Athéïſme à l'Idolâtrie; car ſuivant le ſiſtême que j'en ai dreſſé, & qui eſt le vrai ſiſtême des Païens éclairés, il n'y auroit preciſément qu'une ſeule choſe dans le Paganiſme où il pût y avoir de l'abſurdité, qui eſt d'ôter la providence immediate au Dieu ſuprême, parce que ſelon les regles de notre Metaphisique, le Créateur souverain de tous les êtres doit influer par lui-même, & immediatement dans le cours de toutes nos actions, vû qu'il nous recrée à chaque instant.

Tous les autres Dogmes du Paganisme sont des erreurs, & non point des absurdités. Il n'y a que la Religion qui puisse les combattre, & nous convaincre qu'ils sont faux; car pour ce qui est de la raison humaine, elle reconnoîtroit assez volontiers le gouvernement des Puissances subalternes, les Apoteoses, le choix des Dieux, &c.

Voilà l'avantage que vous avez à conduire un esprit jusqu'aux premiers principes. Il faut ou qu'il parvienne à la connoissance de la verité, ou qu'il reconnoisse tout au moins qu'il est dans l'erreur.

Un Paganisme, selon le plan que j'en ai donné, est encore un tissu de revêries & d'imaginations creuses, mais il n'a pas la même difformité avec laquelle on le dépeint ordinairement. On peut beaucoup mieux composer avec des Païens de cette sorte.

J'avoüerai cependant que ce Paganisme rafiné étoit un peu inconnu au vulgaire, & même que ceux qui auroient voulu le professer, auroient été infailliblement accusés par le peuple d'irreligion. L'ignorance, la superstition qui étoit profondément enracinée, ajoutés à cela les ménaces des faux Prêtres, les auroient armés contre les Zelateurs de cette prétenduë doctrine. *Is humano intellectui error est proprius & perpetuus, ut magis moveatur & excitetur affirmativis quàm negativis.* Ces Païens éclairés ne suivoient pas la maxime du Chancelier d'Angleterre. Ils vouloient soustraire à la croyance du vulgaire des Dogmes fabuleux qui avoient poussé de racines très-profondes ; il falloit au contraire amplifier sa foi, & lui donner plus d'étenduë.

PENSE'ES

SUR L'ASTROLOGIE.

LEs Astrologues qui se ventent de pouvoir assurer *qui dies copulam adfirmet, qui fundamenta mænium perpetuet, qui negociatori commodus, viatori celebris, qui navigiis opportunus*, sont de vrais menteurs. Les principes d'une Astrologie qui prétend que ce n'est pas une chose indifferente que les Cometes dardent leurs rayons vers certains endroits, ou reçoivent leur vertu de certains Astres, ou représentent certaines choses, ou brillent en certaines parties du Ciel, sont vains & peu fondés. Je regarde comme un Charlatan quiconque me vient dire, *Si les Cometes ressemblent à une flute, leur présage s'adresse à la musique; quand elles sont dans les parties honteuses du Signe, c'est aux impudiques qu'elles en veulent; si leur situation fait un Triangle ou un Quarré équilateral à l'égard des Etoiles fixes, c'est aux sciences & à l'esprit qu'elles annoncent mille malheurs; elles répandent des poisons, quand elles se trouvent dans la tête du Serpentaire boreal ou austral.* (*a*) » Ce grand » détail ne peut être que très-ridicule, » parce qu'il n'y a jamais eu rien de plus » impertinent, rien de plus chimerique » que l'Astrologie, rien de plus ignomi» nieux à la nature humaine, à la honte » de laquelle il sera vrai de dire éternelle» ment, qu'il y a eu des hommes assez » fourbes pour tromper les autres sous le » prétexte de connoître les choses du » Ciel, & des hommes assez sots pour » donner créance à ces autres-là, jusqu'au » point d'ériger la charge d'Astrologue en » titre d'office, de n'oser prendre un ha» bit neuf ou planter un arbre sans l'ap» probation de l'Astrologue. « (*b*)

(*a*) *Plinus*, *lib.* 2. *c.* 22.
(*b*) Bayle, Pens. div. tom. 1. p. 22.

Je hai infiniment le détail des Astrologues, parce qu'il n'a aucun fondement. Ils vous diront, par exemple, que la vertu particuliere d'une Comete dépend de la qualité du Signe, & de la maison où elle a commencé d'être vûë, comme aussi de l'aspect où elle a été avec les Planetes; que c'est à cette situation qu'il faut regarder principalement pour bien faire l'horoscope d'une Comete, à quoi on ajoute la consideration des Signes par où elle passe successivement. Là-dessus ils vous apprendront qu'il y a des Signes masculins & des Signes feminins; qu'il y en a de terrestres & d'aqueux, de froids & de chaux, de diurnes & de nocturnes, &c. Que chaque Planetes domine sur une certaine portion de la terre, & sur une certaine espece de gens & de choses. Saturne, par exemple, sur la Baviere, la Saxe & l'Espagne; sur une partie de l'Italie, sur Ravenne & Ingolstad, sur les Maures & sur les Juifs, sur les Etangs, les Cloaques, les Cimetieres, sur la Vieillesse, sur la Rate, sur le Noir, le Tanné & sur l'Aigre; car il n'y a pas jusqu'aux couleurs qu'on ne leur partage. Ils ajouteront que les Signes & particulierement ceux du Ziodiaque ont leur département marqué sur le Globe de la terre, pour y exercer leur vertu. Le Belier, par exemple, domine à toutes les choses assujetties à la Planete de Mars, son hôte : (car vous remarquerez que chaque Planete à son logis arrêté dans un certain Signe) qui sont le Nord, une partie de l'Italie & de l'Allemagne, l'Angleterre, la capitale de la Pologne, le Foie, le Fiel, les Soldats, les Bouchers, les Sergens & les Bourreaux; le Rouge, l'Amer & le Mordicant : Et outre cela il regne sur la Palestine, sur l'Armenie, sur la Mer rouge, sur la Bourgogne, sur les Villes de Mets & de Marseille. Ils vous diront de plus qu'il y a douze maisons à considerer dans le Ciel, dont chacune a ses fonctions particulieres, & appartient à une certaine Planete. Car, par exemple, la premiere maison se rapporte à la vie, à la complexion du corps, & la derniere aux ennemis, à la prison, & à la fidelité des Domestiques. Mercure se plaît dans la premiere plus que toutes les autres Planetes, & répand de-là une vie heureuse, & une forte complexion. Venus se plaît dans la cinquiéme, où elle promet de la joye & des plaisirs conformes à son humeur.

Cela posé, avec plusieurs autres remarques de cette nature, il vous dira à quel païs, & à quel gens, ou à quelles bêtes la Comete en veut principalement, & de quelle sorte de maux elle menace. Dans le Belier, elle signifie de grandes guerres & de grandes mortalités; l'abaissement des grands & l'élevation des petits; des secheresses épouventables pour les lieux soumis à la domination de ce Signe. Dans la Vierge, elle signifie des avortemens dangereux, des maltotes, des emprisonnemens, la sterilité & la mort de quantité de femmes. Dans le Scorpion, ce sont outre les maux précedens des Reptiles & des Sauterelles innombrables. Dans les Poissons, des disputes sur les points de Foi, des apparitions épouventables dans l'air, des guerres & des pestes; toujours la mort des grands. S'il arrive par malheur que les Cometes passent par des Signes de figure humaine, comme sont les Gemeaux, la Vierge, &c. c'est aux hommes qu'elles s'en veulent prendre; si elles passent par les Signes du Belier, du Taureau, du Cigne, de l'Aigle, des Poissons, c'est aux animaux de cette espece qu'elles annoncent de fâcheux évenemens. Si les Signes sont masculins, ce sont les mâles qui en patissent; s'ils sont feminins, ce sont les femmes. Si les Cometes passent par les parties honteuses de quelques Constellations, c'est un fâcheux présage pour les Impudiques. Si la Constellation est Saturnienne par sa situation ou par son aspect, elle produit tous les méchans effets de Saturne, les jalousies, la mélancolie, les défiances & les terreurs. Si elle est dans la seconde maison, qui est celle des richesses, elle traverse le gain, & fait faire des vols & des banqueroutes, ainsi du reste. Car en général un Astrologue juge de la vertu d'une Comete, par les regles selon lesquelles il prétend que selon tel ou tel Signe, dans une telle maison, & dans un tel aspect, elle présage ceci ou cela, à telle ou à telle personne. (*a*)

Toutes les rêveries des Astrologues méritent assurément la censure qui se lit dans Pline contre une autre espece de menteurs : *Hæc serio dixisse, summa hominum comtemptio est, & intoleranda mendaciorum impunitas* ; c'est-à-dire, qu'avoir débité serieusement toutes ces puerilités, c'est témoigner qu'on a un mépris extrême pour les hommes, & que l'impunité du mensonge est montée à un excès inexcusable.

Je ne voudrois pas non plus d'une Astrologie qui me fit imiter la conduite téméraire d'Albert le Grand Evêque de Ratisbone, du Cardinal d'Ailli, & autres

(*a*) Voyez la dissertation de M. Petit sur les Cometes ; M. Bayle Pensées div. Agrippa, Vanité des Sciences. Voyez aussi M. Naudé, Apologie pour les Grands Hommes. Franç. Jean Pic de la Mirandole, tom. 2.

qui oserent faire l'Horoscope de Jesus-Christ, & dire que les aspects des Planetes lui promettoient toutes les merveilles qui ont éclaté en sa personne. Ils ne se sont pas contentés de faire l'horoscope des Religions, ils ont poussé leur extravagance jusqu'à la faire de la Religion Chrétienne, & ont jugé la qualité de chacune par les qualités de sa Planete dominante, car ils ont distribué les Planetes aux Religions. Le Soleil est échû à la Religion Chrétienne; c'est pour cela que nous avons le Dimanche en singuliere veneration, que la Ville de Rome est Ville Solaire, Ville Sainte, & que les Cardinaux qui y resident sont habillés de rouge, qui est la couleur du Soleil. On doit aussi apprèhender de marcher sur les traces de ceux qui disent » que celui qui sera né, le Signe des Ju» meaux ascendant lorsque Saturne & » Mercure sont conjoints sous le Signe » du Porte-Cruche en la neuviéme mai» son du Ciel, sera Prophéte, & que à » cette cause Notre Seigneur Jesus-Christ » faisoit tant de choses merveilleuses, » d'autant qu'il avoit en tel lieu Saturne » & les Jumeaux. (*a*)

(*a*) Agrippa, Vanité des Sciences, ch. 32. p. 176.

Cette sorte d'Astrologie a été détestée de Moyse, d'Isaïe, de Job, de Jéremie, & de tous les Prophétes de l'ancienne Loi. S. Augustin est d'avis que les Chrétiens ne lui donnent aucune créance; S. Jérome la met au nombre des Idolâtres, S. Basile & S. Cyprien la traitent d'imagination folle. Tous les Catholiques la proscrivent; les Loix Civiles & Impériales la punissoient autrefois à Rome; sous les Empereurs Tibere, Vitelle, Diocletian, Constantin, Gratien, Valentinien, Théodose, elle recut des notes d'infamies, & fut exposée à la rigueur des Loix. Justinien ordonna des peines de mort contre ceux qui l'exercoient, & qui abusoient de la crédulité des peuples, ce qui paroît en son Code. L'Astrologie mérite mieux nos mépris que la mort. Nous devons plaindre en général les Astrologues, & dire d'eux ce que Thomas Morus disoit d'un de ces pauvres insensés:

Le Ciel de ses decrets, beau Devin, t'a fait part,
Et de l'heur ou malheur qu'aux hommes il départ.
Mais d'entre ces brandons, n'y a-t-il qui se die,
Voit-tu point que par tout ta femme te publie?
Phebé, ton front serain, ton œil clair, noble cœur,
Ne voit celle de qui Cupidon est vainqueur.
Saturne est loin, & n'a bigle dès sa naissance,

N'a pas même de près d'un caillou connoissance.
D'Europe Jupiter, de Daphné Sol & Mars,
De Venus & de Herse Mercure est d'amour ars.
Si bien que quand d'autrui ta femme s'amourache,
Nul Ciel, nul feu astré ne veut que tu le sçache.

L'Astrologie pour n'être pas absolument ridicule, ne doit point sortir des bornes de l'hypotese. Dans ce cas nous pourrons composer avec les Astrologues. Il ne doivent rien dire que de vague & d'indéterminé, & s'en tenir à des principes généraux. Ils pourroient, par exemple, dire que l'homme est un Talisman, & le prouver par les raisons qui suivent.

Ils pourroient premierement dire avec le Pere Malbranche, M. Leibnitz, & plusieurs autres Modernes, que Dieu en créant l'univers forma les fœtus de tous les hommes qui devoient exister. (*a*) On pourroit dire en second lieu que tous ces fœtus avoient des dispositions particulieres. Voilà assurément deux suppositions qu'il leur est très permis de faire, & qu'on ne peut point leur contester.

Troisiémement, ils pourroient vous dire

(*a*) Voyez Malleb. Entretien Metaph. Voyez M. Leibnitz, Traité de l'origine du mal & de l'Amour de Dieu.

dire après cela que tous les Aſtres ſont compoſez departies inſenſibles, d'une figure differente ; que les parties d'un telle Conſtellation ſont faites en forme de triangle, & que les parties d'une autre Conſtellation ont, ſi vous vous voulez, une figure devis.

Quatriémement, que comme ces Aſtres ſont compoſez de parties très-déliées, & qu'ils ſe meuvent de plus avec une très-grande vélocité, elles s'éloignent du centre de l'Aſtre par l'Ecliptique, ſuivant les principes de M. Deſcartes. (*a*)

Ils diront cinquiémement que toutes les parties des Aſtres qui s'échapent par l'Ecliptique, vont aboutir à la Terre qui eſt au centre du monde, ſelon une ſixiéme ſuppoſition qu'ils pourront faire.

Voici les avantages qu'ils pourront tirer de leur cinq ſuppoſitions. 1°. On vous expliquera ſuivant ce ſiſtême, la variété des humeurs & des inclinations. Pour cet effet, on vous fera premierement obſerver que l'éducation n'influë pas beaucoup ſur le tempérament ; que deux enfans étant mis entre les mains d'un même Gouverneur, qui tâche de leur inſpirer les mêmes maximes, ont ſouvent des penchans tout differens : l'un ſe jettera dans

(*a*) Voyez les Principes de M. Deſcartes, Phiſique de M. Rohault.

la dévotion, & l'autre sera un avanturier. Il vous fera de plus remarquer que ces deux enfans sont venus au monde sans y apporter aucun penchant particulier. Puisque ce n'est ni à la nature, ni à l'éducation que nous sommes redevables des mouvemens de notre cœur, il faudra avoir recours aux influences que les Astres, comme premiers mobiles de la Nature, envoyent jusqu'au centre de notre Tourbillon. Les Astrologues, après tous ces principes généraux, entreroient dans des explications plus détaillées.

Lorsque deux enfans voyent le jour pour la premiere fois & en même tems, ils n'apportent pas dans le monde des corps qui soient également disposez à recevoir les influences des Astres. Les pores de ces petits corps n'ont pas tout à fait les mêmes figures; par conséquent comme tout est plein des influences Celestes, & comme nous avons vû que ces influences ont des figures toutes differentes, elles doivent passer par des corps differens, & achevent de donner à leurs pores la figure qu'elles ont elles-mêmes: on s'explique.

Les influences de la Vierge ont une figure qui les rend propres à pouvoir passer par les pores du petit Vespasien, parce qu'on suppose que les influences de la Vierge avoient une figure triangulaire, & que les pores du petit corps de Vespasien avoient cette figure ; les influences de l'Ourse avoient une figure qui les rendoit pareillement propres à pouvoir pénetrer dans les pores du petit Néron, & non point dans ceux du petit Vespasien. Or puisque les corps de Vespasien & de Neron ont donné entrée à des influences qui ont des vertus & des propriétés particulieres, on peut très-bien supposer que ce sont ces influences qui leur ont donné des penchans si differens ; que les influences de la Vierge étoient de figure à adoucir les aigreurs du sang, & à dissiper la mélancolie, au lieu que les influences de l'Ours pouvoient avoir une figure propre à irriter le temperament, & à faire naître beaucoup de bile.

Il n'est pas surprenant que des influences d'une figure differente, puissent faire des impressions differentes sur le temperament ; puisqu'on est tout autrement disposé après avoir bû du vin qu'après avoir bû de l'eau ; après s'être rempli de viandes exquises & délicates, qu'après s'être rassasié d'un pain sec & grossier ; après avoir respiré un air pur & subtil, qu'après avoir été un long-tems dans des cachots puants & obscurs.

Nous devons donc regarder Vespasien & Néron comme deux vrais Talismans, qui recoivent les influences du Ciel, d'où dépend en quelque sorte leur dèstinée ; puisque ces sortes d'influences agissent sur leur temperament ; qu'elles les excitent au crime ou à la vertu ; qu'elles leur inspirent ou du courage ou de la timidité.

On ne doit pas s'offenser de ce que j'ai avancé que les influences portoient au crime ou à la vertu, puisque c'est là l'effet de la plûpart des liqueurs qui agissent avec force sur le temperament. Le vin excite naturellement en nous la colere : Il y a de certains mets qui nous rendent plus friands des plaisirs, & qui réveillent notre sensibilité.

Puisque les influences font des impressions sur le temperament de celui qui les recoit, on peut dire en quelque sorte qu'elles reglent ses desirs, qu'elles contribuent à toutes ses entreprises, & qu'elles sont le premier mobile qui le font agir. C'est là l'instinct qui le pousse imperceptiblement, & qui fait naître les mouvemens de son cœur.

Les Astrologues pourroient encore étendre plus loin leurs principes généraux. Ils pourroient, par exemple, avancer que l'aspect des Astres contribue beaucoup à regler la destinée des hommes, & en rendre cette raison, qui est, que la disposition des pores n'est pas la même selon toutes les saisons, vû que les differens degrez de chaleur qui dilatent ces pores plus ou moins, doivent en changer notablement la figure.

Pour ce qui concerne le bonheur ou le malheur affecté à de certains jours, l'expérience ne nous permet pas d'y ajouter foi. On doit regarder ceux qui observent ce qui s'est passé dans les années climacteriques des Etats, ou sous le regne des 1, 49, 63 Rois d'une Monarchie, comme gens qui n'ont aucunes idées de l'Histoire, puisqu'elle prouve invinciblement la vanité de toutes ces observations qui ne sont appuyées que sur un trop grand fond de credulité. On doit aussi mépriser au souverain degré ceux qui reconnoissent de la fatalité attaché à certains noms, & croire que le motif de consolation que l'Empereur Sévere tiroit du nom de Julie, n'étoit pas des mieux fondez, quoique la plûpart de celles qui l'ont porté, ayent été sujetes aux plus impudiques déreglemens. Nous devons blâmer Brantome (*a*) d'avoir donné créance à cette superstition. Il y a d'autres avantages que nous pouvons tirer de l'Astrologie. Les voici.

Il est une convenance d'affections, une conformité des qualitez naturelles d'humeur, ou de temperament qui font que

(*a*) Brant. tom. 1. des Femmes Galantes.

deux personnes s'aiment, se cherchent, & demeurent agréablement ensemble. Il y a une sympatie secrete, qui bien plûtôt que l'estime, forme la liaison des cœurs. (a)

Il est des nœuds secrets, il est des sympaties,
Dont par le doux rapport les ames assorties
S'attachent l'une à l'autre, & se laissent picquer
Par un je ne sçai quoi, qu'on ne peut expliquer.
CORNEILLE.

Il me semble qu'en supposant le sistême des influences, on pourroit expliquer ainsi cette sympatie qui a paru si mystérieuse, & qui a passé pour le *je ne sçai quoi*, qu'on ne pouvoit expliquer.

J'ai fait remarquer dès le commencement de ce nouveau plan d'Astrologie, que les Astres envoyent des influences sur notre Globe; que nos corps sont des Talismans qui reçoivent ces influences, si la figure qu'elles ont reçu leur en permet l'entrée. Pour donner maintenant quelque idée de la sympatie, voici maintenant ce qu'on pourroit supposer.

Lorsque les influences qui passent dans notre cœur ne trouvent aucun obstacle à passer dans le cœur d'une autre personne, & que mutuellement les influences qui

(b) S. Evremont.

ont pénétré son cœur, passent dans le nôtre sans y trouver aucun empêchement, nous ressentons pour lors les effets de la simpatie, nous nous cherchons, & nous ne pouvons nous séparer qu'avec des répugnances extrêmes. Enfin ce qui se passe dans le fer & dans l'aiman, n'est que l'emblême de ce qu'éprouvent deux cœurs qui ont de la simpatie l'un pour l'autre.

Toute badine que soit l'idée que j'ai donnée de l'amitié sympathique, elle ne laisse pas d'avoir quelques fondemens. On pourra en être convaincu, si on veut se rendre attentif aux réflexions que je vais faire.

Si vous vous trouvez dans une assemblée, & qu'il s'y rencontre en même tems une personne pour qui vous éprouviez la tendresse, qui est du caractere de la sympathie, vous vous approcherez naturellement d'elle par un pur effet de la méchanique de votre cœur. Si vous vous trouvez éloigné de cette personne qui vous est si chere, & que la bienséance ou quelqu'autre motif vous retienne à quelque distance d'elle, vous vous sentez perpétuellement ébranlé pour vous en approcher. Vous éprouvez mille impressions secretes qui vous entraîneroient infailliblement, si certaines idées de bienséance ou certaines mesures à garder ne faisoient maître des mouvemens contraires à ceux de la sympathie. Enfin si le respect humain vient à vous manquer, ou si les mouvemens sympathiques prennent le dessus, vous voilà livré à une espece de torrent qui vous entraîne, il n'est plus possible de vous retenir.

Delà je conclus que toutes ces impulsions secrettes, que toutes ces secousses imperceptibles à nos yeux, mais si sensibles à notre cœur, ont pour cause les influences des Astres, qui à la sortie du cœur de la personne que nous aimons, viennent se glisser dans le nôtre, l'ébranlent, & nous attirent enfin auprès d'elle, tout comme la nature qui sort de l'aiman attire le fer dans le systême de M. Descartes; & peut-être que si l'aiman étoit susceptible de sensibilité, il éprouveroit pour le fer, ce que nous ressentons pour une personne qui nous seroit infiniment chere.

Quand la sympatie lie deux cœurs, on ne peut les séparer qu'avec des oppositions extrêmes; c'est vouloir les déchirer que de les désunir. Si deux personnes qui se chérissent aussi tendrement que le Cynique Crates & la belle Hipparchia, viennent à se quitter, ils trouvent à chaque pas qu'ils font pour s'éloigner, des barrieres qui les arrêtent. Ils marchent contre le cours de deux torrens, qui aboutissans au même point, les réuniroient, si une force supérieure n'en vainquoit toutes les oppositions. Il n'y a pas de Roman qui me contredise sur ce fait.

La répugnance mutuelle que ressentent deux personnes qu'on suppose s'aimer, lorsqu'il s'agit d'en venir à une cruelle séparation, a le même principe qui les unit. Elles ne peuvent se séparer, parce qu'il y a des influences qui passent de cœur en cœur, & qui s'opposent à leur éloignement. Ceux qui entendent les explications que M. Descartes donne des propriétés magnetiques, comprennent tout ceci.

Je ne doute point que la remarque que je vais faire, ne donne quelque occasion à rire à mes dépens; j'entre dans les vûës du Lecteur, & j'avoue que les railleries que j'ai lieu d'apprehender ne sont pas si mal fondées : je les recevrai sans ressentiment, si l'on se persuade que je n'ai jamais prétendu raisonner que sur la pure possibilité des choses. Je jouë ici le personnage d'un Astrologue revêtu du caractere de Phisicien : or pour ce qui concerne les matieres de Phisique, je m'en tiens à l'incomprèhensibilité, ou à l'acatalepsie du Sceptique. J'affirme quelque dogme, lorsque le contraire ne m'est pas démontré :

Je dis : il pourroit peut-être bien se faire que la chose fût comme cela ; remarquez même que j'ajoute toujours un *peut-être*, sans décider même sur la possibilité.

Enfin pour pousser plus loin le parallele entre les mouvemens de deux cœurs qui soupirent l'un pour l'autre, & les propriétés magnétiques, j'avancerai que deux cœurs de cette sorte ont chacun deux poles.

Voici sur quoi je fonde ce paradoxe qui m'attirera bien des plaisanteries ; j'ai tout lieu de l'augurer. Deux personnes qui s'aiment passionnément, qui ont été enfin blessées par les fleches de la sympathie, se regardent toujours en face, si on ne les distrait, ce qui semble se faire naturellement & sans les précautions de la bienséance : d'où je conclus que cela arrive par le moyen des influences, qui les mettent comme en perspective l'une à l'autre, à l'imitation de la matiere magnétique qui unit toujours les deux aymans par les poles de differens noms.

Une remarque qui ne laisse pas d'être assez importante pour le systême des influences, est une espece d'équilibre où nous nous trouvons, lorsque nous sommes avec deux personnes pour qui nous avons le même tendre. Ce sont deux amis également chers ; il en faut nécessairement quitter un pour ſuivre l'autre. L'ame éprouve dans cette occaſion des perpléxités extrêmes : elle ne ſe détermineroit jamais ſi la ſympathie étoit parfaitement égale.

Puiſque les deux perſonnes nous ſont également chères, il faut que leur influences trouvent un libre accès dans nos pores, & qu'elles y ſoient également reçuës; & puiſque nous nous trouvons arrêtez entre les deux objets pour qui nous éprouvons la même tendreſſe, il faut que les influences qu'ils nous envoyent agiſſent également ſur notre cœur. Nous ſommes enfin retenus entre ces deux perſonnes de la même maniere & par la même voye qu'un morceau de fer l'eſt entre deux aimans d'égale force.

Voici encore quelque choſe de très-ſingulier qui mérite notre attention. Nous avons deux perſonnes qui nous ſont également cheres. Nous reſſentons pour elles le même tendre ſympathique ; l'une eſt à deux lieuës à droite, l'autre n'eſt qu'à une lieuë à gauche; prenez tous les hommes du monde, placez-les dans une circonſtance de cette nature, j'engage ma parole qu'ils ſe laiſſeroient tous aller aux douces influences qui ne viennent que d'une lieuë, elles ſeroient très-certainement victorieuſes. Plus nous approchons de l'objet de notre ſympathie, plus il fait d'impreſſion ſur notre cœur. Les influences d'un ami avec qui nous converſons, nous excitent bien autrement que s'il étoit au delà des mers. Nous trouverons dans les propriétés de l'aiman l'explication de ce Phénoméne. Si un morceau de fer ſe trouve entre deux aimans, de telle ſorte cependant qu'il ſoit plus proche de l'un que de l'autre, il ſe laiſſera attirer par celui qui eſt le moins éloigné. Nous avons auſſi bien que l'aiman une ſphere d'activité, qui eſt compoſée des influences que les Aſtres nous envoyent.

Dèſlors qu'on partage ſon amitié, elle eſt imperceptible pour les particuliers qu'on croit aimer. Reſſentir pour tous les hommes un égal tendre, c'eſt n'aimer perſonne. (Si vous approchez de l'aiman pluſieurs morceaux de fer à la fois, il perdra inſenſiblement ſa force, & n'en attirera aucun.) La ſphere d'activité de notre cœur s'uſe à la fin. Je laiſſe aux Philoſophes modernes à en donner l'explication.

La deſtinée la plus fâcheuſe qui puiſſe accompagner les mouvemens de notre cœur, eſt d'aimer paſſionnément, ſans eſperance de l'être jamais de l'objet que nous aimons. On voit ſouvent des flammes faire naître des glaçons. Il y a des cœurs qui vous attirent à eux, & qui s'éloignent en même tems de vous.

Peut-être que ce qui nous rend si froids & si peu sensibles au feu de certaines personnes, provient de ce que les influences qui sortent de notre cœur, pénétrent facilement le leur & l'attirent à nous; au lieu que les influences qui partent du leur repoussent le nôtre, vû que ses pores ne sont pas disposés pour les recevoir.

Les inclinations s'usent à la fin. On s'aime passionnément pendant quelques années; le dégoût succede à l'indifference. Notre cœur n'est pas exempt du changement, puisque la bronze & l'acier son exposés aux vicissitudes de la nature; sa fragilité doit le mettre en but à l'inconstance du sort.

Il s'éleve quelquefois temerairement contre le Ciel, il s'humilie ensuite avec bassesse sur la terre, & ne fait qu'errer au gré des passions qui l'agitent periodiquement. En un mot, l'indifference succede à l'amour le plus tendre, par la même raison que le meilleur aiman cessera d'attirer le fer après un tems.

L'antipatie a aussi son principe dans les influences qui éloignent machinalement & sans qu'on s'en apperçoivent, deux personnes dont les humeurs sont discordantes; on se suit mutuellement, comme font deux aimans, lorsque les poles de même nom se trouvent opposez. J'ai même connu des personnes d'une si furieuse antipatie, qu'elles ne s'approchoient qu'avec des combats & des oppositions de cœur extrêmes; elles reprenoient leur premier calme, à mesure qu'elles s'éloignoient. Il faut de plus remarquer que ces personnes n'avoient jamais eu aucuns differends. Elles imitoient parfaitement l'antipatie qu'il y a entre la Tortuë & la Salamandre.

Dieu, dans le plan général de l'Univers, aura tellement disposé la Nature & le cours des influences, qu'elles ont dû faire naître de la sympathie dans les cœurs du pere & des enfans. Un pere ressent naturellement pour son fils tout ce que la nature peut éprouver de plus tendre; il ne le perd de vûë, qu'en combattant les mouvemens de son cœur. Un fils mutuellement répondroit à la tendresse de son pere, mais il y a de certains dehors respectueux qui le gênent. On lui parle quelquefois avec une autorité qui l'étourdit. On lui expose sans cesse des devoirs, des obligations qui paroissent à ses yeux une servitude, dont il se flatte d'être exempt par le droit même de sa nature. On rejette avec froideur les petites saillies d'un amour que la nature même lui inſpire, on les lui fait enviſager comme des mouvemens indiſcrets.

Il y a des épanchemens de tendreſſe & de ſincérité, où l'art & la précaution ne doivent point avoir de part. Il arrive d'ordinaire qu'en voulant s'oppoſer au torrent d'un fleuve, on le détourne.

Les enfans regardent à la fin les peres comme des créanciers, envers qui ils ne peuvent jamais s'acquitter; c'eſt ce qui refroidit leur tendreſſe : Les peres regardent au contraire leurs enfans comme des débiteurs, c'eſt ce qui les leur rend plus chers.

(*a*) Les deux ſexes ont de la ſympathie l'un pour l'autre; cette ſympathie qui étoit néceſſaire pour la propagation des eſpeces, a auſſi ſon principe dans le cours des influences qui préviennent leur cœur, & diſpoſent les perſonnes à s'approcher. Les influences ſont enfin le principal lien des Societez (*b*)

Il y a encore une obſervation à faire ſur la ſympathie qui eſt très-remarquable : La voici.

La ſympathie ne ſe fait guéres ſentir ſi les

(*a*) Voyez dans les Dialogues de Platon la fable de l'Androgine.

(*b*) Voyez contre ce ſentiment Hobbes, les fond. de la politique, ch. 1.

Voyez auſſi Machiavel, Décade de Tite Live, ch. 1. p. 2. Liſez ſon Prince.

âges ne sont proportionnez. On ne voit guères un jeune homme de vingt-ans soupirer pour une personne qui en a cinquante, ou s'empresser auprès d'une petite brune qui n'a pas atteint à l'extremité d'un lustre. C'est en cela que nous devons admirer davantage la généralité & la fécondité de la Nature. Si le cœur de l'homme ne s'étoit point laissé aller à des mouvemens étrangers, & qu'il ne reçût que les pures impressions de la Nature, il y auroit un assortiment parfait dans la suite de nos inclinations; tout s'y conduiroit selon les regles de l'armonie. Les influences des Astres, employées par des mouvemens que la main de Dieu conduiroit, formeroient le concert de nos humeurs.

Nous devons accorder aux Astrologues que les Astres peuvent nous conduire, qu'ils nous protegent, que leurs influences nous sont quelquefois nuisibles, que le Ciel est un grand livre où Dieu a écrit l'histoire du monde; mais nous devons les traiter comme des menteurs, lorsqu'ils se donnent pour les truchemens des Etoiles, comme ont fait Ptolomée, Cardan, Jonctin, Jean de Montroyal, &c. Un Astrologue ne doit point dire des Astres, ce que Richard Deburi, Chancellier d'Angleterre disoit en l'honneur des Livres : *Hi sunt Magistri qui nos instruunt sine virga & ferula, sine verbis & colera, sine pane & pecunia. Si accedis, non dorminut; si inquiris, non se abscondunt; non remurmurant, si oberres; cachinos nesciunt, si ignores.* Un Astrologue peut dire en général : *Il peut y avoir des influences qui agissent sur le cœur de l'homme*, & conclure delà qu'il pourroit se faire que les Astres contribuassent en quelque chose aux évenemens de la Nature; mais il doit faire profession d'ignorer d'où viennent les influences, quels sont les Astres & les aspects favorables; & surtout ils ne doivent point s'ingerer dans les prédictions.

Pour avoir le don de prévoir les évenemens qui sont enveloppés dans l'avenir, il faudroit avoir une compréhension parfaite de la nature, il faudroit connoître les mouvemens & les qualités des Astres, appercevoir les rapports qu'ils ont entre eux, pénétrer dans le cours de leur influences, sçavoir enfin comment la machine de l'Univers fait joüer le nombre infini de ressorts qui la composent. Avec de telles connoissances, nous pourrions être Astrologues, nous pourrions nous ingerer dans les Prédictions, & nous tirer d'affaire avec honneur. On pourroit prédire les suites d'une Bataille, tout comme on prédit les Eclipses. Qui connoîtroit bien le proprietés des influences, n'auroit pas plus de peine à prévoir les impressions qu'elles pourroient faire sur le cœur, qu'on peut en avoir à prédire les mouvemens irreguliers qu'excitent les fumées du vin. Il ne faut pourtant pas avoir lû les Clavicules, ni étudié dans les Cavernes de Tolede & de Salamanque, pour prédire que *cinq ou six bouteilles* de Champagne vont déconcerter la raison la plus Stoïque, & rompre les mesures du plus grave Senateur. Il ne faut pas pareillement être bien versé dans la Philosophie occulte d'Agrippa, & s'être appliqué beaucoup à la science des Divinations, pour sçavoir que les poisons agissent de differentes manieres ; que les uns arrêtent le mouvement des esprits animaux, que les autres leur en donnent un violent & déreglé ; que d'autres dissolvent le sang, d'autres le coagulent ; qu'il y en a qui corrodent & détruisent les parties solides ; qu'il s'en trouvent qui attaquent toutes les parties, que d'autres en attaquent seulement une particuliere : comme le Lievre marin qui n'est ennemi que du poulmon, les Cantarides qui le sont précisément de la vessie. Qui connoîtroit donc bien la nature des influences, leur mouvement, & leurs autres proprietés, pourroit prédire avec assez d'assurance : *Son cœur sera susceptible de telle impreſſion ; & il s'y rendra* ; puiſqu'on peut prédire un relâchement d'entrailles, après qu'on s'eſt bien rempli l'eſtomach de divers alimens qui peuvent occaſionner des crudités. Il pourroit prédire que ces deux ennemis déclarés ſe trouveront dans un tête à tête, & qu'ils feront le coup de piſtolet, par la même voye qu'on prédit les conjonctions des Planettes. (*a*) Il pourroit enfin prédire la fin de notre vie, comme on peut prédire la fin d'une fermentation, ou qu'une horloge dont nous connoiſſons parfaitement la diſpoſition des reſſorts, eſt ſur le point de ſe déranger.

L'hipotheſe que j'ai propoſée n'eſt pas une opinion que je vouluſſe embraſſer ; c'eſt un ſentiment que j'ai donné, comme étant fondé ſur des principes moins dangereux & moins extravagans que ne ſont ceux de l'Aſtrologie ordinaire.

Il eſt bon toutefois d'obſerver que je ne me ſuis jamais écarté des principes généraux. Je n'ai point aſſurément parlé en Dogmatique. Lorſque j'ai voulu tirer quelque conſéquence, je me ſuis toujours ſervi de l'équivalent de cette ex-

(*a*) On ſuppoſe ici que la volonté, qui eſt toujours maîtreſſe du corps, voudroit ſe rendre aux impreſſions méchaniques, & laiſſer joüer tous les reſſorts de notre corps.

pression : *Si on avoit telle ou telle connoissance, on pourroit peut-être prédire tel évenement.* Je défie à l'ancienne Académie de s'observer plus que je ne l'ai fait, & de parler moins affirmativement.

Il faut de plus remarquer que je n'ai point prétendu confondre les impressions ou sentimens d'amour, que je reconnois être des modifications d'une substance simple, telle que l'on conçoit notre ame, avec les mouvemens machiniques du cœur, ni faire de l'homme un pur Automate.

Il est vrai que j'ai dit quelquefois, en expliquant les Phénomenes de la sympatie, que les influences en rapprochant les cœurs selon des loix purement mechaniques, excitoient une mutuelle envie de se posseder; mais j'ai consideré pour lors les mouvemens qui sont dans l'ame, ainsi l'on doit me faire quartier sur cet article.

Je n'ai point voulu pareillement donner atteinte à la liberté de l'homme, lorsque j'ai paru lier les mouvemens du cœur aux impressions de l'ame; je n'ai prétendu parler que des penchans de la nature, que la volonté, éclairée de la raison & secourue de la grace, peut combattre, & même vaincre. Je ne veux point entrer dans le cahos de cette discussion.

Je dirai seulement que le sistême des occasions, & celui de l'harmonie préétablie de M. Leibnitz, font naître à l'esprit beaucoup de scrupules sur la liberté. Je me suis fondé sur celui des occasions, que j'ai cru être le plus en crédit parmi les Théologiens. J'ai supposé que Dieu n'agissoit pas immediatement sur notre ame ; je pouvois faire cette supposition, puisque nous éprouvons tous que nos pensées nous sont transmises par l'organe du cerveau, & que nos volontés nous viennent par le canal du cœur, qui est plus ou moins dilaté, s'il y a quelqu'impression d'amour dans l'ame, & qui se resserre ou s'agite, selon qu'elle est diversement combattuë par des mouvemens ou de crainte ou de colere, &c.

Puisque Dieu n'agit sur la volonté qu'autant que les mouvemens du cœur l'y excitent, on peut pareillement supposer qu'il n'agit sur le cœur qu'autant qu'il y est déterminé par d'autres occasions. Or comme ni l'experience ni la raison ne s'opposent point aux cours des influences, nous pouvons les considerer comme les occasions qui déterminent Dieu à exciter les mouvemens de notre cœur : d'où il semble qu'on pourroit aussi attribuer aux influences tous les autres mouvemens du corps qu'elles peuvent modifier ſelon les qualités qui leur ſont propres.

On pourroit, par exemple, dire qu'un endormi eſt un taliſman qui reçoit des influences ſoporatives, & qui ont des qualités approchantes de celles de l'Opium, de l'Audanum, &c. Qu'un homme qui eſt enclain à la colere reçoit des influences vineuſes qui mettent ſes ſens en mouvement & qui lui font naître une humeur turbulante & peu traitable ; Que le mélancolique reçoit des influences propres à faire naître de la bile, car la mélancolie vient d'une grande abondance de cette humeur échauffée & brûlée, parce que d'ordinaire les mélancoliques ſont chagrins, inquiets, ennemis déclarés des plaiſirs, & propres à la conteſtation.

Toutefois ſi jamais quelqu'ardeur bilieuſe
Allumoit dans ton cœur l'humeur litigieuſe. *Boil.*
Notre ame ſouvent pareſſeuſe & ſterile
A beſoin pour marcher de colere & de bile *Idem.*

Il y a des influences qui excitent le courage, d'autres inſpirent de la timidité, comme font d'ordinaire les liqueurs froides qui glacent le cœur, & procurent dans tous les membres une certaine diſpoſition à trembler, qui diminuë inſenſiblement les forces, & ôte la vigueur du temperament.

Effectivement on ne voit gueres que pour animer le Soldat, on lui faſſe avaller cinq ou ſix caraffes d'orgeat, & qu'on lui faſſe boire à la glace ; ce ſeroit lui mettre des aîles aux talons. Mais puiſque le vend du Nord entraîne avec ſoi quantité d'eſprits frigorifiques, pourquoi les Aſtres ne pourroient-ils pas nous envoyer des influences qui fuſſent froides, & propres à calmer la chaleur du temperament ?

Les hommes ne ſont pas des Taliſmans comme ceux de *Samotrace*, qui étoient enchaſſés dans des bagues. Ils ne ſont pas non plus *le ſçeau*, *la figure*, *le caractere* ou *l'image* d'un Signe Celeſte, d'une Conſtellation, d'une Planete gravée ſur une pierre ſympatique, ou ſur un métail correſpondant à l'Aſtre pour en recevoir les influences, ſelon la penſée de l'Auteur des Taliſmans juſtifiés.

Les hommes ne ſont point des Taliſmans magiques, où ſoient gravés des figures extraordinaires, avec des noms ſuperſtitieux & des noms d'Anges inconnus : Ils reçoivent les influences des Aſtres, parcequ'elles trouvent dans nos corps des pores où elles peuvent pénétrer facilement, & s'y faire un paſſage habituel. Si on faiſoit une ouverture à une digue, & qu'on tendît à cette ouverture une toile de Hollande bien fine, il seroit vrai de dire en quelque sorte, que cette toile est un talisman qui attire les eaux du fleuve, puisque toutes les eaux feroient effort pour pénétrer la toile.

Il pourroit y avoir des métaux qui attireroient les influences, dans le sens que je viens l'expliquer. On pourroit, par exemple, supposer selon la pensée de quelques Rabbins, que le Serpent d'Airain que fit élever Moïse, étoit un Talisman qui attiroit les influences par la disposition de ses pores, & que ces influences pouvoient guerir de la morsure des Serpens par une proprieté qui leur étoit naturelle; & selon l'enchaînement des causes secondes, il y auroit toujours eu du miracle (*a*)

Pour ce qui concerne tous les Talismans Astronomiques, Magiques ou mixtes où on grave des figures de Constellation, des mots inconnus & barbares, on n'en doit tenir aucun compte; & il faut tâcher de détromper ceux qui semble ajouter foi à leur vertu merveilleuse, puisqu'on n'a jamais observé ni en Phisique, ni en Chimie, que deux corps qui avoient une figure exterieure semblable,

(*a*) Lisez M l'Abbé Houtteville, Traité de la Religion prouvée par les faits sur les miracles.

étant

étant une fois éloignés, fussent par cette convenance de figure plus disposés à se rapprocher. Il n'est pas à présumer qu'Appollone de Thiante soit l'inventeur de ces sortes de Talismans, & encore moins qu'il s'en soit servi pour operer toutes les merveilles qu'on lui attribuë.

Ceux qui ont lû l'Optique de M. Newton, & qui sont un peu versez dans la Phisique de ce Philosophe, trouveront que la supposition des Talismans tels que je les reconnois, n'est pas tout-à-fait ridicule. Les raïons homogenes qu'il admet, équivallent peut-être bien aux influences que j'ai fait venir de chaque Astre. Puisqu'il en reconnoît qui sont héterogenes, pourquoi ne pourrois-je pas supposer qu'il y a aussi des influences qui different entr'elles par la diversité même de leurs figures? Puisque toutes les superficies ne sont pas propres à réflechir toutes sortes de raïons, pourquoi tous les corps auroient-ils des pores propres à recevoir toutes sortes d'influences?

Dieu voit la destinée des hommes dans l'enchaînement des causes secondes; c'est là le sistême des modernes. Les influences gouvernent le temperament, elles sont maîtresses de notre humeur. Quoique cette supposition ne soit pas fondée, elle ne choque point la raison & ne contredit nullement l'experience, vous dira l'Astrologue. Notre destinée, poursuit-il, dépend en quelque sorte de notre temperament, puisque nous reglons le cours de nos actions sur un certain goût qui se fait sentir à l'interieur de notre ame. Les influences sont donc le maître ressort, ou le premier mobile de la nature; elles gouvernent notre cœur, & lui font sentir la dure necessité de leur être soumis.

Ce n'est pas la fatalité du destin reconnuë des Stoïciens, renouvellée par Hobbes & par Spinosa (a) que je prétend ici établir, continuë l'Astrologue. Je dis, il est vrai, que les influences font sentir à notre cœur la dure necessité de lui être soumis, mais la dépendance de notre

(a) Voyez le Léviatham d'Hobbes, & l'endroit des Oeuvres postumes de Spinosa, où il dit.

In rerum Natura nullum datur contingens, sed omnia ex necessitate naturæ divinæ determinata sunt ad certemodo existendum & operandum. Op. posth. prop. 9. p. 26.

La Nécessité de Spinosa, ou le *Fatum* des Musulmans est la même chose, ce qui paroît par l'endroit de l'Alcoran, où mahomet dit: *Nullum datur animabus vestris nocumentum perpetrabis, nisi quod ante vestri creationem in libro prænotatum fuit à Deo cuncta complectente.* Machum. Alcor. Azoara 28. p. 166. edit. Melancthonis.

cœur ne nous impose pas la necessité d'agir ; nous pouvons vaincre par un effet de la grace du Redempteur les impressions qui le portent au mal, & qui le courbent sur les objets sensibles. Nous pouvons triompher de la concupiscence avec les forces surnaturelles que la Foi nous communique.

Tel est le nouveau plan d'Astrologie que je voulois vous proposer. Je sçai qu'il ne peut être d'aucune utilité, vû que je fonde mes suppositions sur des principes qui sont vagues, indéterminés, & que je me renferme dans les bornes de la Théorie pure. Voici le motif qui pouvoit m'exciter à prendre ici parti en faveur des influences. Ceux qui ont écrit le plus vivement contre les Astrologues, comme Pic de la Mirandole, Sextus Abeminga, Alexander Abangelis, le P. Mersenne, M. Bayle, Agrippa dans son Traité de la vanité de Sciences, &c. ont toujours paru confondre ce qu'il peut y avoir de théorie & de pratique dans l'Astrologie. Ils n'ont pas mis assez de distinction entre les principes généraux & le détail des Astrologues; ils ont même paru rejetter avec mépris le cours des influences en général, & traiter d'idées folles & chimeriques toutes opinions qui leur donnoient accès; c'est l'unique motif qui m'a déterminé à representer ici le personnage d'un Astrologue, parce que je sçai qu'on peut se servir des influences comme de materiaux, pour faire un fort bon sistême de Phisique.

J'avertis cependant que je ne suispoint Astrologue, & que cette Astrologie mitigée, dont je viens de tracer un plan général, présente à l'esprit bien des endroits foibles par où il est aisé de la combattre avec succès. Si l'on m'en demande davantage, je donnerai encore satisfaction. Je croi que les personnes judicieuses n'auront point lieu de se plaindre de mon procedé. (a)

(a) Lisez l'armonie préétabie de M. Leibnitz.

PENSE'ES
SUR LA MAGIE.

ON prétend que les Magiciens exercent une espece de commandement sur les Démons qu'ils évoquent, & qu'ils peuvent forcer toute la nature à leur obéïr, qu'ils

Sçavent mieux nos destins que les Dieux qui les font.

L'univers les redoute, & leur force inconnuë
S'éleve impudemment au-dessus de la nue.
La nature obéït à leurs impressions,
Le Soleil étonné sent mourir ses rayons.
Sans l'ordre de ce Dieu qui porte le tonnerre,
Le Ciel armé d'éclairs tonne contre la terre.
L'hyver le plus farouche est fertile en moissons,
Les flammes de l'été produisent les glaçons,
Et la Lune arrachée à son trône superbe,
Tremblante & sans couleur, vient écumer sur l'herbe.
Quels soins aux Immortels, quels penibles devoirs
D'asservir leurs concours aux forfaits les plus noirs.

BREBEUF.

Si l'on s'étonne que cette science trompeuse ait acquit tant de credit & tant d'empire sur les esprits, Pline en rend cette raison: C'est, dit-il, *qu'elle a sçû se prévaloir des trois sciences les plus estimées des hommes, en prenant d'elles ce qu'elles ont de grand & de merveilleux. Personne ne doute qu'elle ne soit née de la Médecine, & qu'elle ne se soit insinuée dans les esprit, sous prétexte de donner des remedes plus efficaces que les communs. A ces douces promesses elle ajouta ce que la Religion a de splendeur & d'autorité, pour aveugler & captiver le genre humain. Elle y mêla ensuite l'Astrologie judiciaire, faisant croire aux hommes cu-*

rieux de l'avenir, qu'elle voyoit dans le Ciel tout ce qui devoit leur arriver. Il conclut en parlant des enchantemens de la Magie, *que c'est la plus fourbe de toutes les sciences; que cet art n'est soutenu d'aucun témoignage valable.*

On ne sçait pas trop bien en quoi consistoit la Magie dont parlent les Anciens, & sur tout les Livres sacrez. On comprend seulement qu'ils avoient bien étudié la Nature; qu'ils s'attachoient seulement à observer le cours des Etoiles, & qu'ils étoient profonds dans la Mithologie. Mais de sçavoir comment ils faisoient des prodiges, & en particulier comment les Magiciens de Pharaon imiterent les miracles de Moïse; si c'étoit par illusion, ou par supercherie, ou par le secours des Démons, c'est de quoi on ne convient pas. Cependant le sens litteral du Texte, & la nature des faits emportent que c'étoient de vrais miracles, & des opérations fort au-dessus des forces humaines.

Scot Anglois a écrit un Traité exprès, pour prouver que les effets qu'on attribuë à la Magie sont des illusions, & que les enchantemens des Magiciens ne sont autres choses que des subtilitez & des fraudes, pour tromper le vulgaire ignorant & superstitieux. Le Roi Jacques I. répondit (*a*)

(*a*) Dans sa Démonologie.

à Scot, qui étoit son Sujet: Les Théologiens soutiennent aussi les opérations de la Magie par l'entremise des Démons.

Ceux qui ont examiné cette question selon les regles de la plus rigide & de la plus sévere critique, ne sçavent pas trop à quoi ils doivent s'en tenir. Les grands doutes suivent d'ordinaire la grande & la vaste litterature, selon la maxime: *Si plura nosse datum est, majora cum sequuntur dubia*, ou suivant la pensée d'Aristote qui dit, *qui rerum vitiis longuo usu detectis & cognitis, nihil imprudenter asseverant.* Quelques Historiens témoignent que le Diable parloit à Appollonius sous la figure d'un Orme, à Pitagore sous celle d'un Fleuve, à Simon le Magicien & à Agrippa sous celle d'un Chien, à quelques autres sous celle d'un Chêne, & qu'ils entretenoient les Payens dans leurs superstitions par le moyen des Statuës à qui ils faisoient rendre des oracles. (*a*)

On dit encore aujourd'hui qu'il préside aux assemblées de cette misérable canaille, qui lui sacrifie sous la représentation d'un Bouc le plus hideux qui puisse se rencontrer, & duquel il ne faut pas moins se donner de garde, que de cet *Aprilibro* composé de membranes vierges, à l'ou-

(*a*) Voyez M. de Fontenelle, histoire des Oracles.

verture duquel ils disent qu'il est contraint de répondre, ou de cette Chemise de nécessité, du Miroir de ténébres, & de semblables instrumens vains & supestiteux, que ces esprits mélancholiques prennent la peine de composer. *Cum cantiunculis, cadaveribus, funibus suspensorum, quæ si quis attrectare audeat, etiam tueri mereatur.* (*a*) Je vais examiner s'il est vrai-semblable, selon les lumieres naturelles, qu'on puisse faire un pacte avec les Démons, & si en conséquence de ce pacte on peut se servir de leur ministere pour faire des choses au-dessus des forces de la nature.

Il n'est point parlé du *Diable*, dans l'Ancien Testament. On ne trouve point chez les Auteurs Payens le mot de *Diable* selon la signification qu'on lui a attachée parmi les Chrétiens, c'est-à-dire, pour signifier une créature qui s'est révoltée contre Dieu. Ils reconnoissoient seulement qu'il y avoit de mauvais génies qui persécutoient les pauvres humains. Les Caldéens & les Perses croyent de même un bon & un mauvais Principe, ennemi des hommes. Les Relations qui parlent de la Religion des Américains, & de quelques autres Peuples Idolâtres, disent qu'ils adorent le Diable. Mais il ne faut pas prendre ce terme selon le style de l'Ecriture. Ces

(*a*) Scaliger. Exorc. 327. num. 3.

Peuples

Peuples ont l'idée de deux Etres collateraux, dont l'un est bon & l'autre méchant. Ils mettent la Terre sous la conduite de l'Etre malin, que les Chrétiens appellent le *Diable*.

Le mot de pacte est consacré aux sortileges, & se dit des consentemens qu'on donne aux impostures de ceux qui prétendent faire des choses merveilleuses par la puissance ou le ministere du Diable; & en ce cas on distingue un pacte exprès, qui se fait quand on donne un consentement formel à ces impostures; & un pacte tacite, quand on pratique leurs enseignemens & leurs cérémonies, sans faire une renonciation expresse avec les Puissances infernales.

Ceux qui font des pactes, se dévoüent entierement au service du Diable, ils se tiennent pour ses Sujets, & s'engagent à lui obéir. Il s'agit à présent de sçavoir, si en consultant les seules lumieres de la raison, que nous devons pourtant toujours asservir aux maximes de la Foi, ils peuvent contracter quelqu'engagement avec Lucifer, que l'Ecriture Sainte caracterise des titres affreux de Prince des ténebres, & de Pere du mensonge.

Je ne prétend parler ici que suivant les lumieres de la raison, que j'ai reconnu devoir être soumise aux maximes de la Foi.

Observez de plus que je suis convaincu qu'il y a des choses très-vraies en elles-mêmes, quoiqu'elles semblent combattre nos foibles lumieres. Ainsi, quand même je conclurois : *Cela n'est pas vrai-semblable, si nous nous laissons conduire au flambeau de la raison*, on ne doit pas conclure que mon dessein est de décider sur le dogme en lui-même; on doit être assuré que je n'ai d'autre vûë, que de faire voir ce qu'il est par rapport à nos foibles lumieres. Je n'ai absolument d'autre opinion sur cette matiere que celle de l'Eglise.

Pour qu'un contrat puisse lier, il faut de toute nécessité le consentement des deux contractans. C'est là l'opinion des Jurisconsultes. Les Peuples ne peuvent pas même choisir un Monarque, & lui faire porter le diadême, s'il s'y oppose; ils ne peuvent le contraindre à tenir le Sceptre.

Pour que le pacte que nous faisons avec le Diable puisse donc avoir lieu, il faut 1°. que nous nous engagions envers lui à certaines conditions; 2°. qu'il consente à ces engagemens ; parce que s'il n'y consentoit pas, le contrat seroit nul.

Je conviens qu'il peut y avoir des gens assez aliénez & assez préoccupez des superstitions de la démonomanie, pour consentir à des cérémonies sacrileges; il y en a d'autres que leur imagination trompe & séduit : comme ceux qui après s'être bien froté de quelques drogues soporatives, croient aller au Sabbat sur un manche de balai, & sortir par la cheminée. Il faudroit voir sur cette matiere le P. Mallebranche, au chapitre des effets de l'imagination, Recherche de la Verité.

Pour ce qui concerne les Démons, je ne vois pas comment ils pourroient lier quelqu'engagement avec les hommes. La Religion seule qui nous les fait connoître, nous les représentent dans un état où ils ne peuvent gueres vacquer aux affaires humaines. Les maux que nous pouvons sentir dans cette vie, ne sont pas l'ombre de ce qu'ils souffrent. Les Gibets seroient pour eux des lits de répos, selon la pensée d'un Capucin; leur douleur sont enfin au de-là de ce que nous pourrions imaginer. Si l'on veut en sçavoir davantage, il n'y a qu'à lire dans quelques Mistiques la déscription de l'Enfer, ou les tourmens des Damnés. (a)

(a) Presque tous les Anciens ont cru que les Démons ne seroient enchaînez dans les Enfers qu'après le dernier Jugement, & qu'ils ne ressentoient pas encore les peines qui leur étoient préparées. C'est le sentiment de Tertulien, *in Apologetico.* cap. 27. de S. Justin, *Apolog.* 1. de Tatien, de S. Irénée, lib. 2. cap. 26. d'Orig.

Les Démons ne peuvent pas être exposés à tant de tourmens, & entrer dans un si grand détail de supercherie. S'ils souffrent autant que la Religion nous ordonne de le croire, ils ne doivent songer qu'à leurs maux, ils doivent en être remplis.

Les Démons sont des intelligences bornées, ils n'ont pas une capacité infinie; lorsqu'ils souffrent ils sont pénétrés de douleur. Nous pouvons juger de l'état de ces Créatures infortunées, par celui d'un homme qui est au milieu des flammes, ou qui est exposé tout vivant sur une roüe après avoir eu les membres brisés; les Démons souffrent incomparablement davantage. Or je demande à tous ceux que l'esprit de parti n'a pas préoccupé, s'il est possible à un pauvre malheureux qui nage au milieu des flammes avec les douleurs du monde les plus aiguës, de former dans son esprit un plan de politique parfaitement bien lié dans toutes ses vûës, de s'adonner à

Hemil. 8. *in Exodum.* de Lactance, lib. 7. Instit. cap. 29. de S. Epiphane. hæres. 39. de S. Augustin, lib. 13. *de Civit. Dei.* de S. Jérome, ch. 25 sur Isaïe. de Théodoret, lib. 5. *contra hæreses.* cap. 9. de S. Fulgence lib. *de Trinit.* ch. 8. Mais l'opinion contraire a prévalu chez les Théologiens modernes.

mille & mille tours de souplesse, & de chercher mille subtilités pour attirer dans les flammes ceux qui n'y sont pas? La douleur rompt toutes nos mesures, ou plûtôt ne nous permet pas d'en prendre. Les Démons qui souffrent au-dessus de tout ce que nous sçaurions penser, ne peuvent avoir l'esprit assez libre pour nous tendre des embuches aussi recherchées, qu'il est necessaire de le supposer dans le sistême de la Magie Goétique; ils doivent être extrêmement attentifs aux maux qu'ils souffrent. Les mesures qu'ils prendroient pour nous séduire par l'organe des Magiciens, & le plaisir qu'ils auroient à y réussir, seroient pour eux une trop grande distraction. L'ardeur qui les pousseroit à vouloir nous rendre participans de leurs maux, en nous facinant les yeux par leurs prestiges, & en nous soüillant par les abominables cérémonies de la Goétique, diminueroit notablement leur douleur, & la rendroit insensible.

Puisque la douleur que ressentent les Démons à chaque moment est extrême, elle doit les occuper plus qu'on ne le suppose. Ils doivent en être penetrés & remplis; ils doivent être sourds à la voix des Magiciens, & être peu attentifs au formulaire de leurs évocations, qui est si bien détailliée dans Tite-Live. Ils ne peuvent gueres dans un état auſſi cruel composer avec les hommes, ménager leur interêt, ſe déguiſer adroitement, les ſéduire avec art, & uſer de mille ſupercheries qui ſuppoſent des eſprits tranquilles, exempts de trouble, & que rien ne diſtrait.

Il eſt aiſé à preſent de conclure que ſi l'on ſuit les ſeules lumieres de la raiſon, on s'appercevra que la Magie eſt une ſcience vaine qui n'eſt point fondée, & que les Démons ne ſont pas aſſez à eux-mêmes pour faire des pactes avec les hommes : car il eſt de Foi que les Démons ſouffrent au de-là de ce que nous pouvons penſer ; de plus, l'experience & la raiſon nous convainquent que lorſqu'on ſouffre beaucoup on eſt ſenſible à la douleur, & qu'on ne ſçauroit s'appliquer ſi on n'a l'eſprit parfaitement libre. Nos Magiciens nous repréſentent cependant Lucifer qui eſt dans les tourmens juſqu'au cou, comme un grand perſonnage de cabinet. Il eſt ſelon eux un politique achevé ; il excelle en prudence, & en friponnerie.

Je dis en ſecond lieu que quand mêmê nous ferions des pactes avec les Démons, on ne pourroit operer par leur miniſtere toutes les merveilles qu'on leur attribuë.

Les Démons n'agissent point sur les hommes par eux-mêmes & immediatement ; c'est-là un des grands principes de la Phisique des modernes. Ils ne sont que des occasions qui pourroient exciter Dieu, qui est le premier & l'unique moteur de la nature, à placer les hommes dans des circonstances où il les mettroit à l'épreuve, & où tout le feu de leurs passions recevroit de nouvelles ardeurs.

Les Démons n'agissent donc pas sur les hommes comme cause premiere ; ils ne sont tout au plus que des causes secondes ou occasionnelles. L'état present de la question est donc de sçavoir si Dieu s'étoit proposé dans le Plan général de l'Univers, de se laisser déterminer par la volonté des Démons. Voici les raisons qui me semblent devoir persuader le contraire.

La volonté des Démons est dirigée au mal ; il y a des Théologiens qui disent qu'ils ne sont point libres pour faire le bien, d'autres prétendent le contraire. Quoiqu'il en soit, les Démons n'aiment point l'ordre, ils ne respirent que trouble & confusion. Or quelle apparence y a-t-il que Dieu qui veut de l'harmonie dans ses ouvrages, qui veut que tout soit soumis aux loix de l'ordre, comprenne dans le plan des occasions qui doivent le déterminer, des volontés perverses, des volontés ennemies de l'ordre & follement ambitieuses de la chûte du genre humain.

Que penseroit-on d'un Souverain qui se seroit proposé de suivre les impressions d'un furieux, de se laisser conduire à ses emportemens, d'observer toutes ses fureurs à dessein de les assouvir? Diroit-on qu'il est sage, qu'il est débonnaire, qu'il possede l'art du gouvernement, qu'il merite de regner?

L'on considere les Démons comme des monstres de cruauté qui donnent dans les excès de la fureur; ce sont des tigres que les tourmens rendent inabordables. Et Dieu qui est la bonté même, aura formé un plan où il aura placé les volontés de ces esprits enragés, afin qu'elles puissent lui servir d'occasion pour le déterminer à agir; il troublera toute la Nature en leur faveur, les cris des Magiciens seront exaucés, & leurs évocations réussiront.

Plusieurs Peres de l'Eglise ont crû que toutes les merveilles qu'on attribuë d'ordinaire aux Magiciens, n'étoient que des prestiges & de pures illusions, qu'ils fascinoient les yeux des assistans, & qu'on leur faisoit voir les choses autrement qu'elles n'étoient, qu'on les éblouïssoit par de fausses merveilles, qu'on frappoit leur imagination par des lueurs trompeuses, &c. Si les choses étoient ainsi, les Magiciens n'auroient pas besoin du secours des Démons, ils pourroient par des causes fort naturelles tromper ces imaginations foibles & malfaites qui ne voyent jamais rien que de travers. Bien des Théologiens pensent que c'étoit par cette voye que les Magiciens de Pharaon imiterent les vrais miracles de Moïse.

S'il nous est libre de croire que les Magiciens de Pharaon n'operoient que des prestiges, pourquoi ne porterions-nous pas le même jugement sur les merveilles qu'on attribuë à Simon, & consequemment à tous les autres Magiciens ? les faits sont de même nature.

Si les Démons avoient produit les merveilles qui leur sont attribuées, les Payens qui auroient été témoins de ces merveilles devoient les rapporter à une cause invisible & cachée qui troubloit l'ordre de la nature avec un empire de Souverain. Ils auroient reconnu cette cause pour la Divinité même, & auroient idolâtré le Démon avec quelque espece de fondement, puisqu'il se seroit présenté à eux en qualité de maître de la Nature, qui soumettoit les élemens. Il auroit possedé les suprêmes caracteres; il auroit eu les sceaux divins. Effectivement Dieu peut-il se faire connoître avec plus de grandeur & de majesté, que lorsqu'il trouble tout l'ordre de l'univers, & qu'il confond les élemens ? ne sont-ce pas là des marques infiniment éclatantes de son pouvoir ?

Si au contraire toutes ces prétenduës merveilles n'avoient été que des prestiges, ils auroient pû avoir recours aux causes naturelles, & découvrir la fraude & la supercherie des Magiciens, ce qui eût été très-avantageux aux Payens qu'on retenoit par ces sortes d'illusions dans les paralogismes de l'idolâtrie. Il eût été aussi à souhaiter qu'ils se fussent apperçû plûtôt qu'ils n'ont fait, que les Prêtres étoient les seuls à qui on dût attribuer les Oracles. S'ils n'avoient point ajouté foi aux divinations & à tout le reste, qu'ils eussent regardé les Magiciens comme des Enchanteurs, & leurs Pontifes comme des fourbes averés & convaincus, ils auroient plûtôt secoüé le joug de la superstition.

Je ne prétend point faire ici un traité dogmatique sur cette matiere. Je sçai qu'il y a des Théologiens qui attribuent une grande efficace aux Démons. Je conviendrai même que si on envisage la question d'un autre point de vûë, on sera embarrassé dans le choix des deux opinions. Comme on est trop enclin à multiplier le nombre de Sorciers, je vais parler de la plûpart des grands hommes qui ont été soupçonnés de Magie, & j'exposerai brievement ce qui les avoit rendu suspects.

Zoroastre n'a été ni auteur ni fauteur de la Magie Goetique, comme on l'a prétendu. 1°. Zoroastre est tout-à-fait inconnu; selon le témoignage d'un Eudoxus rapporté par Pline, il vivoit six mille ans avant Platon. Selon Pererius, il florissoit au tems de Ninus & d'Abraham. Il est appellé par Théodoret & Agatias *Zarades*; par Plutarque *Zaratas*, qu'il dit avoir été precepteur de Pitagore; par Malchus *Zabratus*, qui n'est autre chose que Porphire; par quelques Auteurs cités dans S. Clement Alexandrin *Nazaratas*, qu'on a cru être le Prophete *Ezechiel*. Si nous aimons mieux laisser le nom de Zoroastre comme le plus commun, dit M. Naudé, (*a*) il n'y aura toutefois pas moins de peine à deviner qui aura été le Magicien entre six hommes qui ont tous porté le même nom, quatre desquels sont nommés par Arnobe, le cinquiéme par Suidas, le sixiéme par Pline. Quand même l'on pourroit supposer que le vrai

(*a*) Apologie pour les Grands Hommes.

Zoroastre auroit été compris dans cette multitude, il faudroit encore accorder Sextus de Sienne qui fait deux Rois de ce même nom ; l'un des Perses, auteur de la Magie naturelle, & l'autre des Bactriens, premier inventeur de la Diabolique, avec Rhodigenus & beaucoup d'autres qui ne donnent à ces deux peuples qu'un même Zoroastre pour Legislateur. D'autres pensent que Cham étoit le Zoroastre dont nous parlons. Ils se fondent sur ce que Cham étoit le vrai Magicien, vû, disent-ils, qu'il lia Noé & le rendit impuissant par le moyen de ses charmes. L'opinion la plus suivie touchant Zoroastre, est qu'il a été un homme relevé par son sçavoir, qu'il étoit Sujet de Ninus, contemporain d'Abraham, & du païs de Caldée. L'on pense même qu'il avoit été enseigné par Azonach, l'un des disciples de *Sem* ; qu'il s'employa à cultiver les sciences que le Déluge avoit fait perdre, & se rendit par-là le premier homme de son siecle. Les raisons qui l'ont fait tenir pour suspect, & qui ont beaucoup contribué à lui faire donner la note execrable de Magicien, sont, qu'en venant au monde il paroissoit sur son visage un ris malin qu'annonçoit quelque diablerie de sa part; que le batement de son cerveau étoit si fort, qu'il repoussoit la main lorsqu'on la la lui appliquoit sur le front ; qu'il demeura l'espace de vingt ans dans la solitude, qu'il perit enfin d'un coup de foudre. (*a*)

Orphée, selon Diodore Sicilien, passa en Egypte l'an 3060. il a été le premier Théologien des Grecs, comme Zoroastre l'a été des Caldéens, & Mercure Trimegistes des Egyptiens ; Virgile lui donne le nom de Sacrificateur, Eusebe le titre du plus grand Théologien du Paganisme. On l'accusa d'être Sorcier, parce qu'il courroit un bruit que sa tête rendoit des Oracles dans l'Isle de Lesbos, parce qu'il a compris dans ses Himmes le nom des Esprits infernaux, l'ordre de de leur sacrifice & les diverses cérémonies & suffumigations qui sont requises pour les invoquer ; parce qu'il est l'auteur d'une musique en vertu de laquelle il se faisoit suivre des animaux les plus farouches, ou parce qu'il suivoit les aphorismes d'une Medecine magique ou occulte, qui se pratique encore dans les Indes Orientales. Qu'on juge de-là si c'en

(*a*) Voyez sur Zoroastre M. Huet, Demonst. Evang. M. Jurieu, Traité des Dogmes vrais & faux de l'Eglise. M. Bayle, Dict. Crit. M. Naudet, M. le Clerc, & la Philosophie Orientale de Stanley.

eſt aſſez pour convaincre un homme de magie. Si Orphée avoit bien ſçû les regles de l'uniſſon, il eût fait des choſes bien plus merveilleuſes. Celui qui a trouvé le remede aux morſures de la Tarantule a pouſſé bien plus avant qu'Orphée dans l'art de la magie. Pour ce qui concerne les Oracles que ſa tête rendoit dans l'Iſle de Leſbos, la contrarieté des Auteurs doit nous faire tenir cette tradition pour vaine ; quand même la choſe ſeroit vraie, on n'en pourroit rien conclure au deſavantage d'Orphée, puiſque Samuël répondoit après ſa mort à la Pitoniſſe, ſans qu'il ait jamais été ſoupçonné d'aucune magie.

Pitagore eſt appellé par Apulée *primus Philoſophiæ nuncupator & creditor.* (*a*) Il ſe tranſporta, ſelon le même Apulée, dans l'Egypte pour y apprendre *ceremoniarum incredulas potentias, numerorum admirandas vices, & Geometriæ ſolertiſſimas formulas.* Au retour de l'Egypte il vint à Crotone, où il commença à établir ſon Académie, & devint par la ſuite le chef de la Secte italique. Selon le témoignage de Ciceron, Pitagore déduiſoit toute ſa doctrine des nombres & des principes des Mathematiques. Il leur attribuoit de très-grands myſteres, & leur

(*a*) Lib. 2. Florid.

donnoit le nom de certaines Divinités. Pitagore fut reconnu pour le plus sage de l'antiquité, ce qui paroît par la Statuë que les Romains lui dresserent, lorsqu'il reçûrent ordre de l'Oracle d'en ériger deux, l'une pour le plus grand Capitaine, & l'autre pour le plus Sage d'entre les Grecs. Alcibiades fut estimé le plus grand Guerrier, & Pitagore fut reconnu le plus grand Philosophe : *Ut quis sapiens haberetur, is continuo Pitagoreus haberetur.* (*a*)

Toutes ces marques éclatantes d'estime ne pûrent sauver Pitagore de la tache de Magicien, il passa pour tel à cause des raisons qui suivent. 1°. Parce qu'il avoit demeuré long-tems en Egypte. 2°. Parce qu'il s'étoit exercé à la lecture des livres de Zoroastre, où il avoit appris, comme il est fort à conjecturer, la propriété de certaines herbes qu'il nommoit *Coracesi*, *Callicia*, *Menais*, *Corinthas*, & *Aproxis*. Les deux premieres de ces herbes faisoient glacer l'eau quand elles y étoient mises, les deux suivantes avoient de grandes vertus contre la morsure des Serpens, & la derniere s'enflammoit de si loin qu'elle voyoit le feu. On le soupçonna encore de magie, 3°. parce qu'il défendoit expressément l'usage des feves.

(*a*) Cicer. Tusc. 4.

4°. Parce qu'il écrivoit avec du sang sur un miroir convexe, & qu'il l'exposoit ensuite à la Lune. 5°. Parce que le bruit courroit qu'il avoit paru aux jeux Olimpiques avec une cuisse d'or. 6°. Parce qu'il s'étoit fait saluer, à ce qu'on disoit du fleuve *Nessus*. 7°. Parce qu'il arrêta le vol d'un Aigle, qu'il apprivoisa une Ourse, qu'il fit mourir un Serpent, qu'il chassa par la vertu de certaines paroles un Bœuf qui gâtoit un champ de feve; qu'il se fit voir en même jour & à la même heure en la Ville de Crotone, & en celle de Metapont; qu'il prédisoit les choses futures: Voila ce qui a fait passer Pitagore pour un Sorcier.

Quid diceret ergo;
Vel quò nunc fugeret, si nunc hæc monstra videret
Pitagoras. Juv. Sat.

Ceux qui mettent *Numa* au nombre des Magiciens, disent 1°: que le génie qui lui est attribué par Ammiam Marcellin, & que Denys d'Halicarnasse, Plutarque, Tite-Live croyoient avoir été une des neuf Muses, ou plûtôt une Nimphe qui se nommoit *Egerie*, n'étoit autre qu'un Démon succube, qu'il s'étoit rendu familier, étant un des plus versés & des plus intelligens qu'il y ait jamais eu dans

dans l'évocation des Dieux tutelaires; qu'il avoit un secret tout particulier pour se rendre propice les Genies des Villes & des personnes. Ils disent aussi qu'ayant un jour invité chez lui plusieurs personnes de Rome, il leur fit servir des viandes fort simples & fort communes, & en veisselle qui n'étoit pas fort riche; mais que tout d'un coup la salle fut superbement décorée, & les tables couvertes de toutes sortes de viandes exquises & délicieuses. Le tout, dit-on, se fit par le moyen d'*Egerie*. Si on avoit dans Paris le secret d'évoquer cette Nimphe, il y auroit moins de Parasites. Ils disent de plus, que par le moyen de cette Nimphe Egerie, ou du Démon succube, il lia deux Diables ou Esprits infernaux; sçavoir, *Faunus* & *Picus*, qui lui enseignerent l'art d'évoquer Jupiter, & par quelle voie il le contraindroit de venir à lui, si ce Dieu ne vouloit pas le faire de bonne grace; (*a*) ce qui lui réussit si parfaitement qu'il l'arracha à son trône. On dit aussi sur le compte de Numa, qu'il étoit habile dans l'Hidromancie, (*b*) que ses livres de magie qu'on trouva quarante ans après sa mort furent condamnés au

(*a*) Arnob. liv. 2.

(*b*) Varron cité par S. Aug. lib. 3. ch 3 *de Civit. Dei.*

feu sous le Consulat de Publius Cornelius & de Marcus Bebius. Voilà ce que les plus outrés Démonographes, comme le Loyer & Delrio, ont pû immaginer de plus fort pour rendre Numa Pompilius suspect de magie. On voit qu'il y a dans la conduite de ce Legislateur plus de politique que de diablerie, selon la pensée de Lactance qui dit, *aliqua autoritate simularit cum ea Ægeria nocturnos se habere congressus.* C'est-là aussi l'opinion de Plutarque en la vie de Numa ; lorsqu'après s'être amplement étendu sur ce qui peut concerner ce Legislateur, il conclut toutefois : (*a*) » S'il y a quelqu'un » qui soit d'autre avis, le chemin est » large & ouvert. Car même je ne trou» ve pas sans apparence ce que d'autres » découvrent touchant Licurge & Nu» ma, & autres semblables personnages, » qui ayant à manier des peuples rudes » & farouches, & voulant introduire de » grandes nouveautés dans les gouverne» mens de leur païs, ont sagement feint » d'avoir communication avec les Dieux, » attendu que cette fiction étoit utile & » salutaire à ceux mêmes à qui ils la fai» soient accroire. « Denys d'Halicarnasse accuse Numa de supercherie envers les peuples, & non point de magie : *Multa*

(*a*) Plut. en la vie de Numa. trad. d'Amiot.

autem eaque admiranda de eo dicunt, referrentes humanam ejus ſapientiam ad Deorum monita : fabuloſè dicunt illi congreſſum fuiſſe cum quadam Nimpha Egeria, quæ illum aſſiduè regiam ſapientiam edoceret. (a) Tite-Live n'eſt point éloigné de cette penſée, lorſqu'il dit en parlant de Numa : *Simulavit ſibi cum Dea Egeria congreſſus nocturnos, ejus ſe monitu & quæ acceptiſſima Diis eſſent ſacra inſtituere, Sacerdotes ſuos cuique Deorum præficere.* (b) Voilà ce que des plus judicieux de l'antiquité profane ont jugé ſur la magie de Numa Pompilius.

Democrite fut ſoupçonné de magie, parce que l'antiquité qu'Arnoble appelle *errorum ampliſſima mater*, l'avoit jugé auteur du livre de l'art ſacré, de la connoiſſance & de la pratique de la Chimie. Nos Souffleurs ont jugé qu'il étoit intereſſant d'attribuer ce livre à Democrite : *Ut autoritatem videlicet ſumat ac homine, quæ non ex habet veritate.* (c) Riolant, Guibert, Sennertus ſe ſont mocqué de cette impoſture. Le Jeſuite Delrio montre qu'on n'a commencé à cultiver la Chimie que depuis l'Empire de Caligula. C'eſt pourtant ce qui avoit fait dire à Pline ; (d) en

(a) Denys d'Halic. liv. 2. *de antiq. Rom.*
(b) Tit. Liv. lib. 1.
(c) Quintil. Dec. 18.
(d) Lib. 30. ch. 1.

parlant de ce Philosophe: *Plerumque miraculi, & hoc pariter utrasque artes efloruisse, medecinum dico, magicemque, eadem ætate illam Hippocrate hanc Democrite illustrantibus*. Pline ajoute aussi, pour confirmer l'idée qu'il avoit conçûë touchant la magie de Démocrite, que ce Philosophe avoit marqué le nom de certains oiseaux, dont le sang mêlé produit un serpent, qui donne à celui qui le mange l'intelligence de ce que les oiseaux s'entredisent; qu'il reconnoissoit des herbes si puissantes & doüées d'une telle vertu, qu'elles servoient à l'évocation des Dieux, & à faire dire aux coupables ce que l'adresse des Juges & les douleurs du supplice n'auroient pû leur faire avoüer; qu'il avoit écrit un livre de la nature du Cameleon qui ne contenoit que des observations vaines, superstitieuses & magiques. Aulugelle a fait un chapitre *de portentis fabularum quæ Plinius secundus indignissime in Democritum confert*. (a)

Empedocle n'a pû éviter la note infamante de Magicien. Delrio se fonde sur neuf ou dix vers qui sont rapportés dans Diogene par Satyrus, pour rendre ce Philosophe suspect de magie. Cet Auteur fait mention d'une operation magique d'Empedocle, qui consiste à avoir appaisé la fureur &

(a) Aulugelle, liv. 10. ch. 12.

le soufle trop violent des vents Ethesiens. Il l'a fait entrer en paralelle avec celle d'un Orric Roi des Gots, qui fut surnommé Chapeau Venteux, parce qu'il faisoit soufler le vent de tous les côtés qu'il le tournoit. On a reconnu encore à d'autres caracteres que ce Philosophe avoit des relations avec les Diables. Le motif qui semble ne point permettre d'en douter, est qu'il fit cesser la peste au païs des Salinuntiens, & qu'il délivra une femme d'une grande suffocation de matrice, qui la menaçoit d'une mort prochaine. Delrio n'a pas daigné faire usage de ces deux chefs d'accusation contre Empedocle. Diogene Laërce parle vaguement de la magie de ce Philosophe, il n'en rapporte même aucun trait.

M. l'Abbé Fleuri dans son histoire Ecclesiastique donne *Appollonius* pour un grand Sorcier, attribuant la plûpart de ses prestiges au ministere des Démons. Eusebe & Casiodore l'ont regardé comme un très-grand Philosophe. S. Jerome dit dans une de ses Epîtres, *Appollonius sive magus, ut vulgus loquitur, sive Philosophus ut Pitagorici credunt, &c.* Et Justin en ses questions aux Ortodoxes. (*a*) *Appollonius ut vir naturalium potentiarum & dissensionum, atque consensionum earum peritus; ex*

(*a*) Quest. 24.

hac scientiâ mira faciebat, non ex autoritate divina. Hanc ob rem in omnibus indiguit assumptione idonearum materiarum quæ eum adjuvarent ad id perficiendum quod efficiebatur.

La vie d'Apollonius est un vrai Roman, quoique déguisé, où Philostrate a pris soin de relever la grandeur de son Heros, par les traits de ressemblance qu'il lui donne avec Jesus-Christ. Voici le parallele que M. Naudé a remarqué entre l'Evangile & l'Histoire Romanesque d'Apollonius. » Il a pris plaisir, dit » M. Naudé en parlant de Philostrate, » d'opposer le Démon qui vint avertir » la mere d'Appolonius de sa naissance au » mystere de l'Annonciation; le chant des » Cignes, à celui des Anges; la foudre » qui tomba du Ciel, à l'Etoile qui parut » en Bethléem; les lettres que plusieurs » Rois lui envoyerent, à l'Adoration des » Mages; les discours qu'il faisoit fort » jeune dans le Temple d'Esculape, à la » dispute de Jesus-Christ parmi les Doc» teurs; les questious que lui faisoient ses » disciples, aux demandes des Apôtres; le » jugement qu'il donna sur l'Eunuque & » la Concubine, à celui de la Femme » Adultere; le Fantôme qui lui apparut » comme il passoit le mont Caucase, à la » tentation du Diable au desert; l'incre-

» dulité des Ephesiens, à celle des Juifs ; » la délivrance qu'il fit d'un jeune homme » me démoniaque, à celle que fit Jesus-» Christ ; la fille qu'il ressuscita à Rome, » à celle de Jaïr Prince de la Sinagogue ; » ce qu'il s'apparut à Dénys & Démétrius, » hors de la Ville, à l'apparition faite aux » Disciples qui s'en alloient à Emaüs ; les » paroles qu'il leur dit, à celles de Je-» sus-Christ, *Spiritus carnem & ossa non* » *habet* ; & finalement sa mort, à l'As-» cension ou au ravissement d'Enoch & » d'Elie. « L'on croit que Philostrate avoit composé ce Roman à la requête de l'Imperatrice Julie.

Ceux qui prétendent prouver que le Démon de *Socrate*, qu'Apulée (*a*) dit avoir été *in rebus incertis prospectator, dubiis præmonitor, periculosis viator*, étoit d'une nature superieure à celle de ce Philosophe, disent 1°. Que ce Démon ne lui persuadoit jamais d'agir, mais l'avertissoit seulement de se tenir sur ses gardes. 2°. Qu'il se jettoit quelquefois dans des extases, dont on avoit beaucoup de peine à pouvoir le retirer. 3°. Qu'il le favorisoit du don de prédire l'avenir, & d'en prévoir les évenemens. On répond à tout cela que ce Démon de Socrate nous est entierement inconnu, & on le prouve

(*a*) Apulea, *de Deo Socratis*.

par la contrariété des opinions qui suivent. Apulée croyoit que le Démon de Socrate étoit un éternuement au côté droit ou au côté gauche, selon lequel Socrate pénétroit dans les évenemens de l'avenir. Lactance & Tertulien ont crû que c'étoit un Diable. Platon vouloit qu'il fut invisible. Maxime de Tyr pensoit qu'il n'étoit qu'un remors de conscience contre la promptitude de son naturel qui étoit boüillant, par lequel Socrate étoit retenu & comme empêché de faire quelque chose de mauvais. Pomponace croyoit qu'il étoit l'astre qui dominoit en sa nativité! Montagne prenoit ce Demon mysterieux & énigmatique pour une certaine impulsion de volonté qui prévenoit la raison. Les loüanges qui ont été données à ce Philosophe par des Auteurs graves, sont un grand préjugé contre les accusations de magie. Martial l'appelloit *magnum senem*; Perse, *barbatum magistrum*; Maxime, *palliatum animum virilitatis robore*; Apulée, *divinâ prudentiâ senem.*

On prouve qu'*Aristote* avoit un Démon familier; parce qu'il n'auroit pû parvenir à la nature, comme il l'a fait, par les seules lumieres de sa raison. On conjecture que ce Démon étoit un mauvais génie, parce que Laërce cite un livre de de magie qu'il attribuë à ce Philosophe, & que Guillaume Evêque de Paris dit en beaucoup d'endroits de ses Oeuvres, qu'il tenoit pour conseiller de toutes ses actions un esprit qu'il avoit fait descendre de la Sphere de Venus par le sacrifice d'un agneau enchevestré. S'il avoit eu pour guide un genie, il n'auroit pas consulté l'Oracle d'Apollon, parce que cet esprit lui en auroit fait connoître l'abus; il n'auroit pas ordonné de dédier à Jupiter & à Minerve les statuës de certains animaux qu'il vouloit être de pierre & de quatre coudées de haut, telles qu'il les avoit voüées pour le salut de Nicanor; il ne se seroit pas lui-même voüé en sacrifice, ce qu'il fit selon Demoura. (*a*) *Se cum aliis obtulisse Diis trina sacrificia in recognitionem trinæ perfectionis in eis inventæ.*

Porphire a été soupçonné d'avoir eu commerce avec un mauvais genie. On en a aussi donné à *Plotin*, à *Jamblique*, parce qu'ils ont laissé dans leurs livres des observations fort mysterieuses, & qu'ils se sont rendus recommandables dans l'esprit du vulgaire.

Chicus Esculanus que Delrio met au nombre des plus grands superstitieux, a obtenu du Peuple un genie superieur qui

(*a*) Demoura, au 1. liv. du Ciel & du monde.

lui reveloit les grands mysteres. On l'a accusé de magie, parce qu'il a composé un Commentaire sur la Sphere de Sacrobosco. Sa folie a principalement paru en ce qu'il a interpreté le livre de Sacrobosco suivant le sens des Astrologues, des Nécromantiens, en ce qu'il a cité un grand nombre d'Auteurs falsifiés, & la plûpart apocriphes, remplis de vieux contes & de superstitions pueriles; comme, par exemple, Salomon, *De umbris idearum*; Hipparchus, *De vinculo spiritûs, de ministerio naturæ, de hierarchiis spirituum*; Apollonius, *De arte magica*; Zoroastre, *De Domino quartarum octavæ figuræ*; Hippocrate, *De stellarum aspectibus secundum Lunam*; Astafon, *de mineralibus Constellatis*, & plusieurs autres d'une aussi grande reputation. On a eu tort de le mettre au nombre des Magiciens, car on ne pouvoit dire de ce Personnage :

Quis dubitat, an omne sit hocrationis egestas. Lucr.

Cesar Scaliger a paru s'attribuer lui-même un genie (a) où il dit : *Ego vero, qui ne cum minimis me conferendum censeo, si quid unquam nobis excidit imprudentibus, tantumdem postea non sperem à me non præstari non posse, quæ causa est ut ad scrip-*

(a) Scaliger. Art. Poet. lib. 3. ch. 22.

tionem, aut commentationem numquam accingamur, nisi ab ipso genio invitati, qui nobiscum intus loquitur, neque auditur, ostendent divinitatis late patentes campos in animis nostris, quos ab officiis corporis suspensos atque abstractos aliis distinet functionibus, &c. On a déferé à Scaliger sur sa bonne foi ; on lui a donné créance, apparemment plus qu'il ne l'exigeoit. Sa vaste litterature n'étoit pourtant pas un motif suffisant pour lui accorder un genie.

Cardan, qui s'est aussi donné des airs de genie, en parle trop diversement pour qu'on puisse ajouter foi à ce qu'il en dit. Il reconnoît dans un Dialogue intitulé *Tetim*, qu'il avoit un genie venerien qui étoit mêlé de Saturne & de Mercure ; & dans son Traité *De libris propriis*, il dit que ce genie se communiquoit à lui par les songes. Il doute un moment après si c'étoit un veritable genie ou l'excellence de sa nature : *Sentiebam*, dit-il, *seu ex genio mihi præfecto, seu quod natura mea in extremitate humanæ substantiæ, conditionesque ; & in confinio mortalium posita est, &c.* Il conclut enfin dans son livre *De rerum varietate, lib. 16. cap. 93. Ego certè nullum dæmonem aut genium mihi adesse cognosco.*

Alchindas a composé un livre *de Theo-*

rica magicarum artium, ce qui a donné occasion à Conrad de le faire passer pour un Sorcier. Depuis, les Demonographes en parlent comme d'un insigne Magicien. Delrio se contente de le donner pour un superstitieux qui ne s'est jamais amusé à la magie goétique, mais qui rapportoit aux effets de la nature ce qu'on a accoutumé d'attribuer aux Anges & aux Diables. Cardam, Albozahem Haly, & Haly Rodoam lui déferent le titre d'Astrologue; Rasis & Mesvé, celui de Medecin docte & experimenté; Averoës & Wimpinal, celui de subtil Philosophe.

Thebit Beucorat, Juif selon quelquesuns, Espagnol selon plusieurs, & Anglois selon Lélandus, a été soupçonné de magie pour avoir écrit des livres qui traitent de la magie naturelle, de la composition de Anneaux, des Images & des Figures Ieroglifiques, de la proprieté des Pierres, des Herbes, des Planetes. Comme Thebit vivoit du tems d'Alphonse Roi des Espagnes, il est à présumer qu'il cultiva l'Astrologie selon la maxime *mores ac vitia Regis imitari, genus obsequii judicatur.* Le sentiment le plus commun est que les livres ci-dessus mentionnés ont été faussement attribués à Thebit, & qu'il n'a jamais été Magicien, quoique quelques Demonographes l'en ayent accusé,

Anselme de Parme a été mis par nos Demonographes Wier, Delrio & plusieurs autres au nombre des Magiciens. Ils se fondent principalement sur ce que les Emselmistes, qui prétendent guerir les playes par le moyen de certaines paroles, ont pris leur nom de ce prétendu Anselme. Il y a bien plus de fondement de croire que ceux qui font profession de cette medecine superstitieuse, abusent du nom de S. Anselme, duquel ils feignent avoir reçu cette vertu, ou plûtôt que les Emselmistes sont ainsi appellés suivant l'opinion de Carvalgo, à cause qu'ils se servent principalement de quelques versets des Pseaumes. Anselme de Parme est loüé par Barthelemy Cocles comme un très-grand Philosophe.

La plûpart des Demonographes, & même des Historiens, comme Vigner, tiennent *Raymon Lulle* pour un Magicien celebre & averé. Ils se fondent principalement sur ce que les Chimistes lui attribuent la connoissance de la Pierre Philosophale, & sur ce que Gregoire IX. qui siegeoit en Avignon l'an 1371. condamna sa doctrine, parce qu'un certain Evêque y avoit remarqué plus de deux cens erreurs. Pierre Montans se mocque de la nouvelle Dialectique de Raymond Lulle, sur ce qu'il disoit qu'elle seroit très-bonne du tems de l'Antechrist, pour satisfaire en termes generaux à ses demandes. *Ut si interrogaretur, quid credis? In Deum. Quare? Quia placet mihi. Cur placet tibi? Quia Deus est. Quid est Deus? Cui proprie competit deificare. Quare deificat? Quia talis est ejus natura.* Il n'y a aucun chef d'accusation qui puisse le convaincre de magie.

Voici ce que nos Démonographes mettent en œuvre pour prouver qu'*Arnauld de Ville-Neuve* étoit Magicien. Il est Auteur d'une transmutation métallique, dont Jean André, celebre Canoniste, dit avoir été témoin oculaire. Il a composé les livres qui ont pour titre *De Physicis ligaturis*; *De sigillis duodecim signorum*; *De tribus impostoribus*. Il est faux qu'Arnauld de Ville-Neuve ait composé le livre intitulé *De Physicis ligaturis*; il est avéré qu'il n'a fait que le traduire de l'Arabe d'un certain Lucas Bencosta. Pour ce qui est de celui *de sigillis duodecim signorum*, il n'est point dans le recueil de ses œuvres; il ne renferme tout au plus que les superstitions de l'Astrologie. Le livre *De tribus impostoribus* le convaincroit d'impieté s'il en étoit l'Auteur, & non point de magie; il n'est point croyable qu'il soit sorti de la plume d'Arnauld de Ville-Neuve. Il y en a qui l'attribuent à

Bernardin Ochin Capucin, successivement Moine défroqué, Socinien & Athée. D'autres disent que c'est un certain Postel qui vivoit au seiziéme siecle, qui en est l'Auteur. On l'a aussi attribué à Frederic Barberousse. L'on croit que ce livre *De tribus impostoribus* n'a jamais été vû, qu'il ne se trouve cité nulle part, & qu'on ne sçauroit le trouver dans aucune de nos Bibliotheques. M. Bayle temoigne qu'il a fait des perquisitions pour le déterrer, & qu'il n'a pû y réussir. Si Arnauld de Ville-Neuve avoit donné prise sur l'article de la magie, il n'auroit pas été aussi cheri qu'il l'étoit de Frederic Roi de Sicile, & du Pape Clement.

Pierre d'Apono s'est ressenti plus que les autres des traits de la calomnie. L'opinion commune de presque tous les Auteurs est qu'il étoit le plus grand Magicien de son siecle; qu'il s'étoit acquis la connoissance des sept Arts liberaux par le moyen de sept Esprits familiers, qu'il tenoit enfermés dans un cristal; qu'il avoit, comme un autre Pasetes, l'art de remplir sa bourse du même argent qu'il avoit dépensé; qu'il fut accusé de magie en l'an LXXX. de son âge, & qu'étant mort l'an 1302. on ne laissa pas, au recit de Castellan, de le juger au feu, & de le brûler en éphigie dans la place publique de la

Ville de Padoüe. Il a composé l'*Heptameron*, le *Lucidarium Necromanticum*, & un autre livre que Tritéme nomme *Librum experimentorum mirabilium de annulis secundum 28 mansiones Lunæ.*

Casmanus le met au nombre de ceux qui rapportoient tous les miracles à la nature. Le Loyer en ses *Spectres* assure que Pierre d'Apono n'ajoutoit point foi aux Sorciers, quoiqu'il s'explique moins avantageusement sur son compte dans d'autres endroits. François Pic de la Mirandole dit expressément, en parlant de Pierre d'Apono, *ab omnibus ferme creditus est magnus, verum constat quàm oppositum dogma ei aliquando tributum sit, quem etiam Hæreseum inquisitores vexaverunt, quasi nullos dæmones crediderit.* Une preuve qu'il n'a point été Magicien, malgré tout ce qu'on a mis sur son compte, sont les faveurs qu'il a reçuës des Souverains Pontifes qui ont vêcu de son tems, & la justice que lui rendent les Sçavans sur l'article de la magie. La Statuë que la Ville de Padoüe lui a érigée, est une preuve très authentique qui le lave parfaitement de cette accusation. Sur la base de la Statuë est l'inscription qui est ici. PETRUS APONUS PATAVINUS PHILOSOPHIÆ, MEDECINÆQUE SCIENTISSIMUS, OB ID-QUE CONCILIATORIS NOMEN ADEPTUS,

ASTROLOGIÆ VERÒ ADEO PERITUS, UT IN MAGIÆ SUSPICIONEM INCIDERIT, FALSOQUE DE HÆRESI POSTULATUS, ABSOLUTUS FUERIT.

Corneille Agripa fut successivement Secretaire de Camp de l'Empereur Maximilian, favori d'Antoine de Leve, & Capitaine en ses troupes, Professeur en Lettres Saintes à Dole & à Pavie, Sindic & Avocat General de la Ville de Metz, Medecin de Madame la Duchesse d'Anjou, mere du Roi François I. & enfin Conseiller & Historiographe de l'Empereur Charles-Quint. Le Cardinal Sainte-Croix le choisit pour l'assister au Concile qui devoit se celebrer à Pise. Le Pape lui écrivit une lettre pour l'exhorter à continuer comme il avoit commencé. Le Cardinal de Lorraine voulut être parain de l'un de ses fils. Un Seigneur d'Italie, le Roi d'Angleterre, le Chancelier Mercure Gatinaria, & Marguerite Princesse d'Autriche l'appellerent en même tems à leur service. Il fut ami singulier de quatre Cardinaux, de cinq Evêques, & de la plûpart des hommes doctes de son tems, tels qu'étoient Erasme, le Fevre, Tritheme, Melancthon, Montius Cantiuncula, &c. Paul Jove l'appelle *portentosum ingenium*; Jacques Gohori le met *inter clarissima sui sæculi lumina*; Wiglus le nomme *venerandum Dominum Agripam, librorumque omnium miraculum, & amorem bonorum.* Les deux premiers livres de la Philosophie occulte ont été de ses premieres productions ; il furent imprimés à Paris, à Anvers, toujours avec Privilege & Approbation des Censeurs. L'an 1533. étant auprès de l'Archevêque de Cologne, il composa le troisiéme livre qu'il fit imprimer avec les deux autres; il en fit une Dédicace à cet Archevêque qui l'eut pour agréable. A ces trois livres on en a ajouté un quatriéme qui est infiniment plus mauvais que les trois précedens. Wierus qui étoit au service d'Agripa, dit que ce livre ne fut publié que 27. ans après la mort de son maître, & qu'il ne l'avoit point composé. » Le livre » de la Philosophie occulte par Agripa, » dit M. Baudelot, n'est proprement que » le secret & l'explication des Talismans, » quoique jusqu'à present on ait eu de » cet ouvrage une opinion moins avanta-» geuse. « Le Traité qu'il a composé de la vanité & incertitude des Sciences, le justifie pleinement sur l'article de la magie. Le motif qui a le plus contribué à l'en faire soupçonner, c'est qu'il étoit suivi pendant plusieurs années de sa vie d'un gros chien noir qui avoit un collier plein d'images & de figures magiques. Paul Jove raconte qu'étant à Lyon abandonné de tout le monde, il donna congé à ce gros chien noir, & qu'en lui ôtant son collier il lui dit : *Abi perdita bestia, quæ me totum perdidisti.* M. Naudé traite cette circonstance de sa vie de fable inventée par Paul Jove. Il mourut, selon Wierus, à Grenoble.

On a mis au nombre des Sorciers pour des soupçons encore plus mal fondés *Merlin*, *Savonarole*, *Nostradamus*, *S. Thomas*, *Roger Bacon*, *Bungey*, *Michel l'Ecossois*, *Jean Pic*, *Tritheme*, *Robert de l'Incolne*, *Albert le Grand*, les Papes *Silvestre* & *Gregoire VII.* *Joseph Salomon*, les *Mages*, *Virgile*, &c. On peut dire après cela avec Horace,

Quid de quoque viro, & cui dicas sæpe videto.

Les gens d'un travail assidu sont d'ordinaire exposés à la calomnie des esprits subalternes, sur tout lorsqu'ils s'adonnent à un certain genre d'étude, parce que *quibus continuatio etiam litterati laboris omnem gratiam corpore deterget, habitudinem tenuat, saccum exsorbet, colorem obliterat, vigorem debilitat.* (*a*)

Notre raison est asservie sous de faux préjugés, obscurcie par nos passions, & gâtée par l'amour propre & par l'orgueil qui nous domine.

(*a*) Apuleius, Apolog. 1.

Nous avons la raison en partage ;
Et vous en ignorez l'usage ;
Innocens animaux n'en soyez point jaloux ;
Ce n'est pas un grand avantage.
Cette fiere raison dont on fait tant de bruit
Contre les passions n'est pas un sûr remede ;
Un peu de vin la trouble, un enfant la séduit. (*a*)

Nous assujettissons presque toujours la raison à nos sens, & la rendons leur esclave : de-là vient qu'elle est souvent un guide trompeur. (*b*) La raison est foible quand elle a à combattre les sens. Prenons, par exemple, une question qui est devenuë très-fameuse. La plûpart des Théologiens ne pensent pas que les animaux ne soient que des automates ; au contraire ils rejettent cette pensée comme ridicule, ils conviennent même qu'elle est dangereuse, vû les consequences qu'on pourroit en tirer. Ils croient que les animaux ont du sentiment, qu'ils sont susceptibles des impressions de douleur & de plaisirs, qu'ils voient, qu'ils entendent. C'est-là l'opinion la plus reçûë. Ils conviendront même qu'il y a un instinct naturel qui les excite à agir, & qui les guide dans leurs actions. Qu'un chien voit son

(*a*) Madame Deshoulieres.
(*b*) Log. Port. R.

maître, qu'il va chercher un pont pour l'aller joindre au de-là du Fleuve; qu'il lui fait mille caresses en vûë des bons services qu'il en a reçu; qu'il s'enfuit si on le menace, parce qu'il apprehende d'être frappé : de-là je conclus que si l'on veut raisonner conséquemment il faut convenir que les animaux tendent à une fin, puisqu'un chien veut joindre son maître; qu'ils prennent des moyens pour parvenir à leur fin, puisque ce même chien va chercher un chemin détourné pour joindre son maître. Tous ceux qui ne sont pas du sistême des Automates en conviennent; cela s'appelle dans les hommes raisonner, & dans les bêtes être conduit par instinct.

Il n'y a point de difference entre l'instinct des animaux & la raison des hommes, hors le sistême des Automates. Les animaux ont des pensées, puisqu'ils voient & qu'ils se représentent des objets; ils ont des volontés, puisqu'ils aiment à se procurer des plaisirs, & à se rassasier lorsqu'ils ont faim; ils font des abstractions, puisqu'ils entrevoient cette verité: *Il vaut mieux passer sur le pont, que de se jetter dans l'eau*, car rien n'est fait ici par les ressorts de la méchanique. Les animaux ont donc des pensées, des volontés & font des abstractions; il n'y a que les partisans des Automates, qui osent le contester, ou M. LOCKE qui étant dans la persuasion qu'on ne peut avoir des idées abstraites que par le moyen des expressions générales, nie que les bêtes en ayent l'usage, lorsqu'il dit : » Puisque les bêtes n'ont point l'usage » des mots ni d'aucuns signes généraux, » nous avons raison de penser qu'elles » n'ont pas la faculté de faire des abstrac- » tions, ou de former des idées géné- » rales ; » (*a*) c'est-là aussi la pensée de M. Hobbes, ce qu'il fait assez paroître en disant, *Ratiocinari quid est? nisi rebus imponere nomina, nomina connectere indicta, & dicta conjungere in sillogismos ; quomodo Adam in paradiso ante nomina ab ipso imposita, rationalis magis quàm cætera animalia, nisi potentià tantùm, non videntur ergo homines substantialiter distingui à brutis.* (*b*) Selon l'aveu de ces deux Philosophes l'ame des animaux ne differe pas plus de la nôtre, que celle d'un enfant qui n'a point encore l'usage des mots differe de celle d'un homme qui sçait quelque langue, & qui a l'usage des signes généraux. L'on pourroit contester à ces Mrs. que les animaux n'ont

(*a*) Essais sur l'entendement, Chap. XI. p. 109.

(*b*) Hobbes, *in tractatu de cive.*

point de langage entr'eux, & par conſequent qu'ils ne ſont peut-être pas incapables d'abſtractions.

Les Pithagoriciens reſpectoient les animaux ; le ſiſtême de la Metempſicoſe ne permet pas de les conduire à la boucherie. Sans reconnoître de Metempſicoſe, je m'imagine entrevoir d'autres raiſons qui s'oppoſent à ce qu'on les tuë comme on le fait, les voici. Je raiſonne ici *ex conceſſis*, 1°. Les animaux ont des penſées, des volontés, puiſqu'ils ſe portent vers ces objets ; ils raiſonnent, puiſqu'ils tendent à des fins, & qu'ils choiſiſſent des moyens pour y parvenir. En quoi leur ame differe-t-elle de la nôtre ? Dira-t-on qu'elle eſt ſimple ? elle eſt donc immortelle ſuivant le raiſonnement de nos Méthaphiſiciens. Dira-t-on qu'elle eſt compoſée ? mais comment pourra-t-elle avoir des penſées ? & de plus n'en pourroit-on pas également conclure que notre ame eſt compoſée ? Hors le ſiſtême des Automates, le principe ſenſitif dans les animaux eſt donc ſimple ? Premiere raiſon qui doit nous empêcher d'agir bruſquement avec eux, à moins que nous ne ſoyons Carteſiens.

2°. On dira que les hommes ont un empire ſur les animaux, que Dieu même le leur a donné. Dieu a bien donné aux

Rois le pouvoir de commander aux peuples, mais non pas celui de les égorger. De plus si Dieu avoit donné un tel pouvoir sur les animaux, on les verroit plus soumis aux hommes. Nous n'avons pourtant qu'à nous mettre entre les griffes des Tigres & des Leopards, & nous verront la crainte respectueuse qu'ils ont des hommes, ils nous déchireroient à belles dents; la nature ne leur inspire donc aucun respect pour nous.

3°. Nous sentons que la nature s'oppose au massacre que nous faisons des animaux; il faut vaincre une certaine repugnance, pour étouffer un chien entre nos mains. Nous éprouvons des palpitations & des émotions de cœur lorsque nous voyons égorger un animal; nous avons même une espece d'horreur pour les Bouchers, nous les regardons comme des gens cruels qui n'ont aucune humanité.

4°. Puisque les animaux sont susceptibles de douleurs, quand même ils ne seroient pas des plus raisonnables, il y aura toujours de l'injustice à leur faire du mal lorsqu'ils ne l'ont point merité. (a) Ce n'est pas une raison valable de dire: Les animaux périssent & tombent

(a) Voyez le P. Mallebranche, recherche de la Verité.

dans

dans le néant après leur mort; ils ne joüissent point du privilege de l'immortalité, & par conséquent nous pouvons rougir nos mains dans leur sang. Cela s'appelle raisonner avec un peu trop de cruauté. Quoi! si les hommes n'avoient point le don de l'immortalité, seroit-il justes de prévenir leur anéantissement? pourrions-nous leur ravir la vie sans injustice? Au contraire la mort, dans le sistême de l'immortalité, n'étant qu'une modification nouvelle & un changement d'être, est bien moins redoutable que si elle étoit suivie de l'anihilation.

5°. Si la chair des animaux étoit necessaire pour la nourriture de l'homme, on diroit chacun y est pour soi; nous devons préferer notre vie à celle des animaux, à la bonne heure; mais nous n'en sommes pas réduits-là; nous avons des legumes & des fruits qui sont salutaires à la santé, & qui suffisent pour l'entretenir.

Ces reflexions ne sont point neuves; elles ont droit d'antiquité. Saint Augustin rapporte que beaucoup de personnes étendoient jusqu'aux animaux la défense de la loi : *Tu ne tueras point.* Ils se fondoient sur le passage de l'Ecriture où Dieu dit (*a*) qu'*il redemandera le sang de*

(*a*) Genese, chap. 9.

l'homme de la main des animaux, & qu'il contracte alliance tant avec Noé qu'avec tout animal vivant. La conduite que nous tenons envers les animaux est une preuve des plus authentiques que nous n'agissons point selon nos lumieres. Que les Cartesiens les massacrent, ils les regardent comme des machines ; ils les comparent aux Automates de Dédale, à la Sphere d'Archimede, aux Trepieds de Vulcain, aux Hydrauliques de Boëce, au Pigeon d'Archite, à la tête parlante d'Albert le Grand, à l'industrieuse Mouche de fer présentée à l'Empereur Charles-Quint par Jean de Montroyal, laquelle

Prit sans aide d'autrui sa gaillarde vollée,
Fit une entiere ronde, & puis d'un cerveau las,
Comme ayant jugement, se percha sur son bras.

Mais ceux qui leur donnent du sentiment, des pensées, &c. en usent de la sorte, ils n'ont aucun prétexte qui puisse les excuser. Il y a de la cruauté dans leur fait lo squ'ils les tuë, ou à dessein de les manger, ou pour le plaisir de les voir tomber sous leurs coups : Car pour ce qui concerne le sacrifice de l'ancienne Loi, c'est une autre these ; Dieu ordonnoit de le faire, dèslors il n'y avoit plus de mal.

Il y a pourtant très-peu de Cartesiens. Tous ceux qui sont sans Lettres & beaucoup de ceux qui ſont éclairés, donnent de la connoiſſance & du ſentiment aux animaux : Jugez de-là combien on raiſonne inconſéquemment. On ne doit faire du mal aux bêtes, ſi on les croit animées.

Je me ſuis un peu écarté du but que je m'étois propoſé, qui eſt les Mathematiques, afin de faire connoître combien on peut tirer d'avantage de la connoiſſance des premiers principes. Je crois que la Science de la Géométrie eſt appuyée ſur des principes certains & infaillibles, & que les difficultés que j'ai propoſées ne peuvent que nous en découvrir la ſolidité. Enfin j'atteſte que je n'ai jamais eu d'autre deſſein en écrivant toutes ces reflexions, que d'accoutumer l'eſprit à monter toujours juſqu'aux premieres ſources. Voilà le motif qui m'a fait écrire.

Fin du Diſcours Preliminaire.

PENSÉES CRITIQUES

SUR LES MATHEMATIQUES.

PREMIER PREJUGÉ.

Les Géometres ont à résoudre les difficultés de la Métaphisique.

SI les Géometres ne se permettoient aucun jugement sur la réalité des rapports qu'ils apperçoivent, ils pourroient dès-lors parler de paix avec les Septiques, & ceux-ci feroient les premieres avances; puisqu'il n'y en a pas, que je sçache, qui ait jamais revoqué en doute l'existence de ses propres perceptions. Mais les Géometres vont plus loin, ils veulent que les rapports des figures existent comme ils les apperçoivent. Quand ils considerent un Triangle, ils jugent sur ses proprietés réelles, & affirment qu'il est positivement la moitié du Quarré de même base & de même hauteur.

Les Philosophes Pirroniens prétendent que ce jugement est téméraire. Ils ne peuvent souffrir qu'on sorte ainsi de soi-même pour aller décider sur des matieres qui nous sont étrangeres. Ils voudroient que nos jugemens eussent pour objet immediat & direct les perceptions de notre esprit. Ils permettent aux Géometres de dire: *nous concevons des rapports entre les figures*, mais il ne consentiront jamais qu'ils passent ainsi au-delà des bornes de leur Jurisdiction. Ils s'écrieront, voilà un entreprise folle & chimerique, quand ils leur entendront dire: s'il existe jamais des figures, il est impossible qu'il n'y ait entr'elles les mêmes rapports que nous avons conçû lorsque nous les avons considerées attentivement.

Il ne faut pas écouter les Sceptiques; leur Secte est une troupe d'esprits vagabons & turbulans, qui voudroient tout mettre en désordre dans la République des Lettres. J'avouërai cependant que les Géometres ont plusieurs difficultés de Métaphisique à examiner avant que de porter aucun Jugement sur l'existence des rapports qu'ils apperçoivent dans les figures.

Le but principal des Géometres est de nous conduire à la verité par des voyes sûres & infaillibles, de rassurer notre raison contre toutes les allarmes que lui donne le triomphe apparent des Sceptiques, de dissiper enfin ses inquietudes; c'est-là le caractere qu'on suppose à la Géometrie.

Pour ne point nous laisser éblouïr par les esperances flateuses que nous donnent les Géometres, nous devons nous dépoüiller des préventions qu'ont les Sceptiques contre les Géometres, & de celles dont les Géometres sont imbus contre les Sceptiques. Il est à craindre que l'ardeur qu'ont les Géometres pour trouver la verité, ne les engage dans l'ardeur, & que le desir extrême d'éviter l'erreur n'éloigne les Sceptiques du chemin qui conduit à la verité.

Le desir de trouver la verité, lorsqu'il agit seul, nous rend trop Dogmatiques, celui d'éviter l'erreur nous rend trop circonspects; il seroit à souhaiter que les Géometres eussent comme les Sceptiques un desir extrême d'éviter l'erreur, & que les Sceptiques eussent comme les Géometres un desir extrême de trouver la verité: les Géometres en seroient moins décisifs, & les Sceptiques auroient une humeur moins difficile & plus traitable ; les Géometres n'insulteroient pas aux Sceptiques, & les Sceptiques auroient pour les Géometres moins d'éloignement. Les Sceptiques & les Géometres s'achemineroient ensemble à la verité, & leurs lumieres réunies découvriroient des choses qui auroient été inconnuës aux Géometres sans le secours des Sceptiques, & que les Sceptiques auroient ignorées sans le secours des Géometres.

Puisqu'il ne nous est pas moins interessant d'éviter l'erreur, que de trouver la verité, voyons si la methode qu'observent les Géometres peut calmer les inquiétudes d'une raison craintive, & qui apprehende de porter quelque faux jugement.

Puisque la Géometrie se regarde comme la Reine des Sciences, sa sureté dépend de celle de son empire ; le dégât qu'on fait sur ses terres, est une victoire qu'on remporte sur elle. Les Géometres ont des pensées bien differentes de celles-ci : Ils voudroient bien que la Géometrie fût la Reine des Sciences, mais ils ne veulent pas que la défaite des autres Sciences soit une victoire remportée sur la Géometrie ; ils les regardent comme des terres ouvertes de toute part ausquelles ils sont font bien aises de commander, mais ne croyant pas pouvoir les défendre des insultes de l'ennemi, ils les lui abandonnent, & ne pensent pas pour cela être moins en sureté.

Les Géometres ne ressemblent pas aux autres Souverains; loin d'éloigner l'ennemi de leurs frontieres, ils leur frayent eux-mêmes un chemin pour les faire entrer dans l'enceinte de leurs murs. Ils les appellent dans la Metaphisique, & prennent plaisir à les y voir périr miserablement.

Les Géometres seroient en sureté si on ne pouvoit les attaquer qu'après avoir surmonté toutes les difficultés qu'oppose la Metaphisique; mais quelle disgrace pour les Géometres si on ne peut atteindre à la certitude sans avoir vaincu les obstacles presqu'invincibles de cette Science, & si pour établir les verités de la Géometrie, il faut auparavant assurer des notions sur la nature des idées, sur la nature de l'ame, sur la Nature & sur l'existence de l'Etre Souverain. La verité des consequences de la Géometrie dépendroit absolument de la verité des notions de la Metaphisique; l'autorité des Géometres en recevroit un grand échec, & ils ne pourroient plus être aussi décisifs.

Les Géometres se trouvent pourtant

dans le cas où je les suppose. Il faut premierement qu'ils nous fixent des notions sures, & que nous ne puissions point contester sur la nature des idées ; 2° sur la nature de l'ame qui reçoit ces idées; 3°. sur la Nature & sur l'existence de l'Etre Souverain, qu'on suppose produire ces idées dans nos ames. Je prouverai par des raisons assez sensibles, que les Géometres qui portent leur jugement sur le rapport des Figures, ne sont point exempts de toutes ces discussions.

Les differens rapports que nous appercevons dans les figures ne nous sont connus que par le moyen des idées qui nous les representent ; ces idées sont comme des perspectives que l'esprit va consulter pour y considerer les objets qu'il y voit tracés. Ce sont des tableaux qui exposent aux Géometres des Lignes, des Plans, des Solides, & où ils apperçoivent les rapports des Figures qu'ils nomment eux mêmes intelligibles ; & c'est sur ces Figures intelligibles qu'ils établissent toute leur Géometrie. Peu nous importe, disent-ils, qu'il y ait de l'étenduë, qu'il y ait un monde, qu'il y ait même des Figures ; il suffit que nous en ayons l'idée, puisque nous ne prétendons raisonner que sur les êtres qui se presentent à l'esprit. Je ferai là-dessus une reflexion,

Les Géometres ne jugent pas seulement sur les rapports des Figures intelligibles, mais ils affirment positivement que s'il existoit des Figures elles auroient les mêmes proprietés que les intelligibles, & que leurs rapports seroient aussi les mêmes.

Ils ne peuvent pas en disconvenir; car s'il arrivoit que les Figures du monde réel eussent des proprietés differentes de celles de nos Figures intelligibles, toute notre Géometrie idéale seroit absolument fausse, & on l'appelleroit un sistême de pure imagination.

Les idées qui nous représentent les rapports des Figures, pour n'être pas trompeuses, doivent donc nous faire connoître les rapports mêmes des Figures réelles, c'est-à-dire, de celles qui existeroient independamment de notre esprit. Il est donc essentiel de s'assurer si ces idées ne peuvent point nous représenter les êtres & leur rapport autrement qu'ils ne sont en eux-mêmes; car si ces idées peuvent être fausses, comme l'ont prétendu des anciens & mêmes des modernes, nous ne devons plus nous fier à leur témoignage, & il y auroit une extrême temerité à conclure, j'ai apperçû tels rapports entre ces deux Figures, si jamais ces deux Figures viennent à exister, il faudra necessairement qu'elles ayent les mêmes rapports que j'ai apperçû lorsque je les ai considerées.

Un Géometre se trouve donc interessé à rechercher la nature de ces idées, pour bien se convaincre qu'elles ne sçauroient le tromper, & qu'il peut bien les suivre *en tout & par tout.*

Il faudra pour cet effet entrer dans les sistêmes des anciens, dans celui de Descartes, du P. Mallebranche, de Ms. Hobbes & Locke qui ont prétendu que nos conceptions les plus pures n'étoient que des vestiges tracés dans notre imagination, d'où il semble que l'on pourroit conclure avec Menier, (*a*) que les connoissances les plus sublimes que nous puissions jamais avoir en Géometrie nous ont été transmises par la voie des sens.

Un tel sistême, s'il étoit bien appuyé, seroit une redoutable machine contre la sublime Géometrie; tout y seroit branlant & si incertain, qu'on ne pourroit pas même supposer qu'une consequence est juste, puisque les Figures que nous ne connoissons que par l'entremise de nos sens ne sont pas parfaites, & par consequent il y auroit toujours un défaut d'exactitude dans les raisonnemens les plus justes. De sçavoir si Menier a eu tort

(*a*) Voyez ses Paradoxes.

d'avancer son principe, c'est ce qu'on pourroit contester par mille preuves de vrai-semblance & très-Philosophiques.

On sent bien qu'il seroit difficile d'apprendre la Géometrie à son éleve sans lui tracer les Lignes, les Cercles, les Plans, &c. & on doit de plus bien observer qu'on ne lui feroit pas concevoir aisément ces Figures s'il ne les avoit auparavant vûs tracées à quelque part. On fixe d'abord son imagination sur des figures sensibles; & de prétendre qu'il en conçoit d'autres, Menier dit qu'on ne peut pas en convenir, & que les Géometres ont tort d'exiger une chose comme vraie qu'ils trouveroient fausse s'ils observoient mieux qu'ils ne font l'origine de leurs idées. Je ne crois pas que tous les Géometres du monde pussent faire comprendre à aucun enfant la nature du Triangle s'il ne le lui montroient, s'ils ne le présentoient point à ses yeux; on auroit beau lui dire le Triangle est une figure qui est composée de trois Angles, & de trois côtés, & chaque côté est opposé à un Angle, celui qui n'auroit jamais vû de Triangle ne sçauroit pas ni ce que c'est qu'un Angle, ni ce que c'est qu'un côté, & votre explication ne lui donneroit aucun éclaircissement. Si vous lui dites, les trois côtés d'un Triangle se touchent dans toutes leurs extremités, il lui faudra bien du tems avant qu'il puisse ranger dans son esprit ces trois Lignes droites pour en former un Triangle, & peut-être après bien des combinaisons n'y réussira-t-il pas.

Le principe de Menier subsiste & semble être bien appuyé, pendant qu'on sera dans l'impuissance de lui démontrer que la connoissance que nous avons des Figures de la Géometrie ne nous a pas été transmise par l'organe des sens; & posé une fois le principe de Menier, vous voyez ce qu'on doit penser sur l'exactitude des raisonnemens Géometriques.

Il est interessant pour les Géometres de connoître quelle est la nature de cette substance qui apperçoit les verités de la Géometrie. Si elle est un être simple, comme nous sommes obligés de le croire, elle sera plus propre à manier les raisonnemens abstraits de la Géometrie; mais si elle n'étoit qu'un sang bien subtil qui fût répandu dans toutes les parties du corps, nous ne concevons pas comment elle pourroit saisir mille objets qui sont absolument insensibles, & que les Géometres font naître par tout. Il n'est pas croyable qu'elle eût l'idée d'une longueur sans largeur, d'un Globe parfait, d'un point indivisible, puisque tous ces objets ſi déliés & ſi minces ne peuvent tracer dans le cerveau aucun veſtige, ni y laiſſer quelqu'image quiles préſente à l'eſprit.

Il eſt donc important pour les Géometres de démontrer la ſpiritualité de l'ame; car bien qu'elle fût une matiere très-ſubſtile, elle ne le ſcroit jamais aſſez pour atteindre aux objets inſenſibles de la haute Géometrie. Tout ce qu'on appelle grandeur en general, Atomes indiviſibles, Figures parfaites lui échapperoient d'autant plus aiſément que ce ſont des êtres dépoüillés des qualités de la matiere, & qu'on ne les trouve exiſter nulle part.

Les Epicuriens qui ne reconnoiſſoient dans le monde que les ſeuls Atomes, formoient une Secte qui devoit être bien redoutable aux Géometres. Ils prétendoient qu'il n'y avoit point de Dieu, & par conſequent qu'on ne pouvoit point voir dans ſon eſſence les Figures intelligibles, comme l'ont ſuppoſé quelques Philoſophes modernes.

Les Atomes tels que les Epicuriens les admettoient, n'auroient pû ſervir de materiaux aux Figures parfaites de la Géometrie. Ces Atomes, outre qu'ils étoient étendus, ils n'avoient aucune grandeur ni aucune figure qui leur fût propre & determinée. Il y en avoit qui étoient assez gros, il y en avoit de plus menus & de plus déliés. Les uns avoient forme de Globe, d'autres en avoient une toute bizarre & irreguliere, selon qu'il étoit plus convenable à la generation de l'Univers, & tous Atomes étoient également indivisibles.

Outre que les Epicuriens n'admettoient d'autres êtres que les Atomes, ils pensoient aussi qu'il n'y avoit rien de possible que des Atomes, & qu'ainsi l'esprit le plus Metaphisique ne pouvoit se former d'idées qui n'eussent pour objet ou des Atomes, ou des divers composés formés par des Atomes.

Si les Epicuriens avoient droit de borner l'étenduë de nos connoissances à la simple perception de leurs Atomes, le grand édifice de la haute Géometrie en seroit renversé, & ses débris sembleroient s'anéantir à la vûë même des Géometres. Pour peu qu'on veüille se rendre attentif aux consequences qu'on peut tirer de leurs principes, il sera aisé de s'en convaincre.

On ne peut concevoir autre chose que des Atomes étendus, disent les Epicuriens, une Ligne droite est une suite de ces Atomes rangés selon la voie la plus abregée pour réunir deux Points; puisque ces Atomes sont étendus, quoiqu'ils soient d'une grandeur insensible, ils ne laissent pas que d'avoir les trois dimentions; ils sont longs, ils sont larges, ils sont profonds. Les Lignes que forment ces Atomes ont donc une largeur, il n'est pas possible, selon les Epicuriens, de la concevoir autrement, puisque nous ne concevons que des Atomes étendus, ou les corps qui en resulteut.

Nous ne pouvons donc point avoir d'idées d'une Ligne sans largeur, d'un Globe parfait, & de tout ce qui ne se peut point présenter à notre esprit avec les qualités de l'étenduë. Les Geometres doivent donc renoncer à ces Figures parfaites, qui ne peuvent tracer aucune image sensible à l'esprit, puisqu'ils ne conçoivent point les figures telles qu'ils les supposent; car selon ces Philosophes toutes les perceptions de notre esprit se terminent aux Atomes, ou aux corps qui en sont composés, puisqu'il n'y a jamais eu que des Atomes, & qu'il ne sçauroit y avoir autre chose.

Si toutes les figures de la Géometrie étoient composées des Atomes étendus de Democrite ou d'Epicure, & qu'il ne fût pas possible aux Géometres de les considerer autrement qu'elles sont composées, l'on voit combien leurs raisonnemens seroient peu justes, & jusqu'où iroit le nombre des fausses consequences.

M. Gassendi & M. Bernier qui ont adopté le sistême des Atomes ont senti les embarras où ils se jettoient du côté de la Geometrie. Ils ont compris que suivant les principes des Points indivisibles, quoiqu'étendus, toute Ligne ne pourroit être divisée en deux parties égales, & qu'enfin les Géometres ne parviendroient jamais à tirer une consequence exacte pendant qu'ils ne raisonneroient que sur les idées sensibles qu'ils ont de l'étenduë, & sur les Figures grossieres & imparfaites que formeroient leurs Atomes.

Les interêts de la Géometrie n'ont pû les empêcher de suivre le chemin que leur avoit frayé Democrite : Ils ont mieux aimé laisser courir les Géometres après les hautes speculations, que de renoncer aux Atomes qu'ils ont regardés comme plus proportionnés à la portée de leur esprit, étant les principes de la Nature & les premiers élemens de l'Univers ; ils ont même avoüé que les Géometres ne pouvoient perdre de vûë les Atomes sans s'égarer dans des païs de chimeres, où ils élevoient des édifices dont ils ne connoissoient point les materiaux.

Les Géometres ne doivent point cesser de combattre les Epicuriens jusqu'à ce qu'ils les ayent entierement défaits : Ils doivent les contraindre à se désister des Atomes, parce que cette opinion est une de ces places de force qui est à l'épreuve des batteries, qui sert de retraite à l'ennemi après avoir été au pillage, & lui permet de faire des irruptions impunement.

Si ceux qui tiennent pour le sistême des Atomes s'obstinent à le défendre contre les entreprises des Géometres, ils doivent les attaquer par un autre endroit où ils ne pourront aller à l'offensive qu'avec beaucoup de desavantage. Il faut leur prouver l'existence d'un Etre Souverain, qui renferme en soi les essences de tous les autres êtres & en qui nous puissions voir des Figures intelligibles, selon la pensée du P. Mallebranche. On voit combien toutes ces discussions Metaphisiques font naître de difficultés.

Ce n'est pas tout d'avoir prouvé qu'il existe un Etre Souverain, il faut de plus rechercher sa nature, & penetrer même dans les vûës qui le font agir. S'il veut que les hommes connoissent la verité, il les détournera de l'erreur, ou du moins il ne cherchera pas à les tromper. Mais si cet

Etre Souverain, en qui nous reconnoissons un pouvoir absolu & sans bornes, prenoit plaisir à voir nos foiblesses & les méprises de notre esprit, ne lui seroit-il pas facile de nous faire voir les choses autrement qu'elles ne sont ? Cet Etre Souverain est l'Auteur immediat & la cause premiere de toutes les pensées qui sont en nous ; il agit sur notre entendement, il le dispose, il le change avec un empire que lui donne la qualité de Créateur.

N'admirez-vous pas après l'audace extrême de ces Dogmatiques, qui vont avec une assurance temeraire braver la puissance infinie d'un Dieu, & le défient de leur faire perdre la piste de la verité Ils surpassent en cela l'arrogance insupportable de Marsias, qui osa défier Appollon à qui joüeroit mieux de la flute.

M. Descartes a senti qu'en donnant une puissance sans bornes à l'Etre Souverain, il falloit aussi lui reconnoître le pouvoir de se joüer de nos foibles lumieres, & de nous tromper sur les idées qui nous semblent les plus claires & les moins suspectes. Il a été le plus loin, il a avancé formellement que Dieu pouvoit changer les essences des êtres, & anéantir toutes nos verités.

Cet aveu est remarquable dans un Géometre tel qu'étoit M. Descartes; car si Dieu peut changer les essences des êtres, il pourra aussi changer les proprietés de l'étenduë, anéantir les rapports que nous appercevons dans les Figures, en produire d'autres, & faire une Géometrie entierement opposée à la nôtre, & où on tireroit des consequences toutes contraires. Dans l'apprehension que cette Géometrie possible, selon M. Descartes, ne vienne à être réalisée, & que la nôtre n'ait déja été anéantie, nous devons être extrêmement circonspects & user d'une grande défiance, en marchant avec les Géometres dans les hautes spéculations.

Dans la supposition d'une nouvelle Géometrie, la nôtre seroit fausse, quoique les Géometres ayent quelque peine à en convenir. Dieu auroit changé la nature des rapports. Il ne seroit plus vrai que le Quarré de l'Hipotenuse fût le double du Quarré d'un des côtés. Les proprietés de l'Hipotenuse & celles du côté, ne seroient point telles que nous les concevons. Une intelligence qui connoît cette Géometrie possible & qui n'a aucune idée de la nôtre, trouve des contradictions & des absurdités à supposer une Géometrie differente de celle qu'il conçoit. Il n'est pas necessaire d'avoir recours à des intelligences qui nous sont inconnuës. La varieté des opinions qui partagent les hommes, même sur des matieres de Géometrie, est une preuve très-certaine qu'il ne faut pas toujours avoir trop d'égard à l'évidence dont on se dit être rempli. Les vûës qui sont bien foibles ne voyent presque point d'obscurité quand elles apperçoivent la moindre lumiere ; un flambeau au milieu de la nuit la plus sombre leur tient lieu de la clarté du Soleil.

L'autorité de M. Descartes ne doit point faire moins d'impression sur l'esprit des Géométres, que sur celui des Philosophes : je ne croi pas qu'il faille déferer à ses opinions aveuglement, & devenir l'esclave de son autorité ; mais il convient du moins de ne pas ignorer ses sentimens, lorsque les nôtres ne leur sont pas conformes, & quand il s'agit sur tout de la ruine inevitable de la Géometrie, à laquelle ces principes portent des coups mortels.

Les Géometres n'ont pas tort de vouloir éluder les difficultés de la Metaphisique, & de témoigner qu'ils n'ont aucun interêt, comme Géometres, à menager ceux de cette science. Ils sentent bien que toutes ces discussions si abstraites sont extrêmement embarrassantes ; ils les regardent aussi comme des gouffres de tenebres, dont la profondeur étonne & trouble la vûë. La verité les contraint d'avoüer que notre raiſon s'égare dans les recherches Metaphiſiques, & que ſi elle parvient quelquefois à démêler le vrai d'avec le faux, c'eſt plus l'effet du hazard ou de ſon bonheur, qu'un effort de ſon invention & la recompenſe de ſa recherche, & qu'après avoir trouvé la verité, il lui eſt encore bien difficile de s'aſſurer qu'on la poſſede.

Les Géometres font tous ces aveus ſans en paroître touchés ; on diroit qu'ils vous font le recit des victoires du Turc ſur les Perſes, ou des Tartares ſur les Chinois, quand ils vous racontent que les Sceptiques ſont entrés dans la Metaphiſique, qu'ils ont jettés la terreur par tout, & qu'ils ſont demeurés les maîtres.

Les Géometres devroient être moins inſenſibles aux avantages que les Pirroniens ſemblent remporter ſur la Metaphiſique. Cette ſcience eſt une des frontieres, qui étant au pouvoir de l'ennemi, lui donne la facilité de combattre, & répond du ſuccès de ſes armes.

Tout n'eſt pas incertain dans la Métaphiſique, mais la corruption de notre cœur & les bornes de notre eſprit y ont répandu des tenebres que la raiſon ne peut gueres diſſiper par le ſeul ſecours de ſes lumieres naturelles ; j'en excepte pourtant la Nature & l'existence de l'Etre Souverain.

Puisque les Géometres prétendent nous rendre la verité si sensible, qu'on puisse la reconnoître à des caracteres certains & infaillibles, qu'ils veulent nous remplir d'une conviction entiere & parfaite ; qu'ils se vantent de pouvoir dissiper nos soupçons ; de nous mettre à couvert des dix moyens d'Epoque, & de nous rendre inebranlables au milieu de tous les assauts, il faut qu'ils commencent à affermir les grands principes de la Metaphisique, qu'ils les sauvent des insultes du Pirronisme, & qu'ils nous fixent sur la nature des idées, sur la nature de l'ame, sur l'existence & sur la nature de l'Etre Souverain, des notions aussi sûres, & qui ne soient pas plus suspectes que celle de la Géometrie la plus élementaire.

Ce sont-là les grandes sources d'où nous naît l'esperance de trouver la verité, après que nous les aurons purgés du venin de l'erreur; mais nous ne devons pas nous flatter de la trouver jamais, pas même dans le sein de la Géometrie, comme vous l'avez vû, si nous negligeons de remonter jusqu'à ces trois grands principes, qui servent de premiere base à toutes

tes les autres sciences, afin de les affermir & de pouvoir bâtir après cela avec certitude.

L'étude de la Metaphisique paroît devoir préceder celle de la Géometrie, puisque nous ne pouvons atteindre à la certitude du raisonnement, sans avoir arrêté des notions sûres & infaillibles sur la nature de l'Etre Souverain, & sur celles de nos ames, &c.

Cette étude conduit plus loin qu'on ne pense; il faut chercher les opinions des anciens aussi-bien que celles des modernes; il faut les approfondir, épuiser les difficultés qui s'y trouvent, & ne point passer à la Géometrie, sans avoir trouvé la verité en Métaphisique; vû qu'il est assez inutile de tirer des consequences de simple Théorie, d'un principe qui n'est pas encore bien certain.

Puisque la Metaphisique sert de base & de premier fondement à la Géometrie, que c'est elle qui doit nous répondre de la verité de ses principes, il semble qu'il devroit se trouver plus de certitude dans les connoissances de la Methaphisique que dans celles de la Geometrie, par la raison que les principes doivent être plus claires & moins éloignés de la portée de l'esprit, que les consequences qu'on peut tirer de ces principes.

On ne peut point douter que la Metaphisique soit le premier fondement de la Géometrie, puisque la seule apréhension d'un Dieu trompeur, fait de cette science un païs de soupçons & d'incertudes. Il n'y auroit plus de sûreté à faire des raisonnemens & à tirer des consequences; les verités les plus claires nous paroîtroient suspectes & douteuses.

La methode qu'observent les Géometres & dont ils font tant de bruit, n'est donc ni sure ni infaillible, puisqu'ils supposent les Principes qui doivent servir de base à leur raisonnement, & qu'ils n'en démontrent point la verité, qui est contestée & revoquée en doute par les Sceptiques.

Cette methode ne doit point nous servir de modele dans la recherche que nous faisons de la verité. Si nous voulons tirer une consequence, dont nous n'ayons aucun lieu de douter, il faut monter jusqu'au premier principe, d'où elle semble tirer son origine, l'envisager de toute part, tâcher de l'ébranler, faire joüer contre lui les dix moyens d'Epoque, avec toutes les autres machines du Sceptique, & ne l'admettre qu'après que nous l'aurons jugé être à l'épreuve de tous ces assauts.

Les Géometres ne sont pas aussi scrupuleux dans la recherche de la verité comme on se l'est imaginé jusqu'ici. Ils prennent un jeune homme qui commence à peine à se sentir ; les premieres impressions qu'ils lui donnent sont celles de la Géometrie : Ils ne lui proposent que des Lignes & des Cercles, ils lui en font considerer les rapports, ils le conduisent de principes en consequences, & le font devenir Géometre.

Le nouveau Géometre qui n'a vû que des Figures & des rapports se trouve rempli de la lumiere qui accompagne l'étude de la Géometrie ; il prend un ton de maître & decide en dogmatique ; il va dans les hautes speculations, & quand il y est une fois il devient altier & dédaigneux.

Cette maniere de faire les Géometres ne semble pas être du veritable esprit Géometrique ; il faut insensiblement accoutumer l'esprit à soutenir les assauts qu'on peut lui livrer. Lorsqu'on apprend les Mathematiques à un jeune homme, il faut lui faire remarquer que toutes les connoissances claires qu'il croit avoir acquises doivent lui être suspectes, jusqu'à ce qu'il soit parvenu à la connoissance des principes d'où elles tirent leur verité ; il faut le faire marcher entre la lumiere & les tenebres, & n'être pas moins attentif à lui faire observer les tenebres qu'à lui ouvrir les yeux à la lumiere.

La lueur ou l'évidence qui accompagne les démonstrations de la Géometrie, n'est pas propre à confondre les Pirroniens, parce que cette évidence suppose toujours plusieurs principes dont ils ne veulent pas convenir. C'est leur faire appercevoir un grand foible dans nos raisonnemens que de prétendre calmer leur inquiétude en leur disant: Quoi! pouvez-vous douter qu'un Parrallelograme & un Rectangle de même base & de même hauteur ne soient deux grandeurs égales? Ne trouvez-vous pas-là une lumiere qui dissipe vos doutes & qui vous desabuse de la folle obstination du Pirronisme?

Les Sceptiques ne sont pas plus insensibles à la lumiere que les Géometres, mais ils semblent avoir la vûë moins bornée & plus étenduë en ce qu'ils apperçoivent des ténébres au de-là même de cette lumiere. Ils voyent que l'évidence de toutes ces démonstrations va aboutir à l'obscurité de la métaphisique, & qu'elle semble là se confondre avec les tenebres.

Si les Géometres prétendent remporter quelqu'avantage sur les Sceptiques, ou si la destinée déplorable de ces Philosophes, que la connoissance de la verité semble fuir, les touche, & qu'elle excite leur compassion; ils faut accorder quelque chose à leur foible. Ils doivent descendre en Methaphisique, à dessein d'y fortifier les endroits qui sont les plus attaqués, d'y dissiper les scrupules de la raison, & après qu'ils y auront bien assurés tous leurs fondemens, ils pourront prendre leur effort vers les hautes speculations de la Géometrie.

Il n'est pas possible de pouvoir se débarrasser autrement des attaques importunes du Sceptique, & il criera sans cesse: Vous pensez suivre infailliblement la piste de la verité, & vous ignorez le point d'où vous êtes partis? vous laissez derriere vous des tenebres affreuses. Vous imitez l'exemple de celui qui voulant parcourir un labyrinthe des plus étendus, employeroit pour cet effet le fil d'Ariadne, & iroit en jetter le bout dans un endroit tenebreux, croiroit qu'il est bien attaché & marcheroit ensuite avec une entiere confiance dans les détours les plus secrets du l'abyrinthe; on diroit que cet homme n'est pas dans son bon sens.

Les Géometres ont tort de negliger comme ils le font les interêts de la Metaphisique; ils ne voyent pas combien la Géometrie en perd de son autorité; mais le Sceptique n'ignore pas les avantages que lui donne la conquête de cette science; il la regarde comme la base de la Géometrie, & il fait tous ses efforts pour l'ébranler.

Les Géometres qui sont sans Metaphisique & qui forment un très-grand nombre, ne se persuaderont jamais qu'il faille être un Metaphisicien consommé pour marcher dans la Géometrie avec certitude. Ils diront, quelle est donc cette nouvelle route qui vous conduit de la pensée de l'Etre Souverain à l'idée d'une Ligne, qui vous fait monter à tout ce qu'il y a de plus élevé, & où l'esprit le plus sublime semble se perdre & disparoître à lui-même, pour vous faire descendre après dans un détail de Figures où il ne faut que de l'imagination? Faut-il nous faire escalader les Pirenées afin de nous frayer une route sûre & de pratiquer un grand chemin dans le plat pays? on ne devroit nous exposer à des discussions si Metaphisiques, nous sur tout qui n'aimons pas les raisonnemens abstraits.

J'ai fait remarquer que cette route étoit absolument necessaire pour parvenir en general à la connoissance de la verité, & que les Géometres, qui se vantent de suivre par excellence les methodes infaillibles, doivent monter jusqu'au premiers principes de la Metaphisique pour descendre ensuite dans le détail des consequences de la Géometrie.

Quand même la methode des Géometres ne nous conduiroit pas à la parfaite certitude, il ne faudroit pas pour cela negliger l'étude des Mathematiques, puisque nous trouvons qu'elles sont d'une utilité à se rendre necessaires à ceux qui ont une fois connu quelles sont les commodités qu'on peut y puiser. Si les Mathematiques sont des sciences douteuses, il faut les regarder comme incertaines quand il s'agit de juger sur la verité de leurs consequences.

Si elles ont quelqu'utilité, il faut fermer les yeux à leur incertitude & ne point negliger les avantages qu'elles nous présentent : quand même on auroit quelque peine à se démêler des subtilités embarrassantes & captieuses de nos Sceptiques, les soupçons qu'ils font naître sur la verité des raisonnemens ne doit pas nous empêcher de devenir Astronomes, pour prédire les Eclipses & mieux connoître les proportions qui regnent dans les mouvemens des grand corps Celestes. Il faudroit apprendre l'Algebre, puisque la methode de chiffrer par lettres facilite beaucoup les calculs & les abrege infiniment.

Les Géometres forment une Secte, qui est assez semblable & qui se trouve à peu près dans les mêmes circonstances

ces que celle des Immaterialistes, qui a beaucoup de Partisans en Angleterre; quoiqu'ils pensent que l'existence des Corps n'est pas bien démontrée, & que le plus grand nombre d'entr'eux affirment positivement qu'il n'y en a point, que tout est idéal, ou n'éxiste qu'en idée. Ils ne laissent pourtant pas de se mettre à table; on ne voit pas même qu'ils soient si indifferens sur le choix des mets, & qu'ils ayent moins d'appetit que ceux qui reconnoissent qu'il existe des Corps. Ils n'apperçoivent un précipice qu'en tremblant & s'en éloignent avec horreur. Ils sont aussi délicats dans leurs tables & aussi magnifiques dans leurs habits, comme s'ils avoient des sens & des organes pour recevoir des impressions étrangeres. On les voit avides de gloire, & soupirer après cet état sensible qui environne les grands, avec autant d'ardeur que s'ils étoient convaincus qu'il y a de la réalité dans tout ce qui éblouit leur imagination. En cela vous voyez jusqu'à quel point ils negligent les speculations de la Théorie. Ils suivent plus les impressions de leur estomach que les lueurs trompeuses de leur fausse Metaphisique.

Les Géometres doivent suivre l'exemple qui leur est tracé par les Immaterialistes. S'ils trouvent que les Mathematiques

ques leur ſoient utiles, comme elles le ſont en effet, ils ne doivent point prononcer ſur l'exacte verité de leurs conſequences, mais ils doivent profiter des avantages qu'elles leur offrent ; imiter les Immaterialiſtes, uſer des Corps, lors même qu'on doute s'il en exiſte. Ils doivent dire : Nous ne ſçavons pas au vrai ſi tout cet enchaînement de conſequences eſt bien ſûr, & s'il nous conduit infailliblement à la verité ; mais puiſqu'ils nous trace un chemin à des découvertes & à des inventions qui ſont utiles, nous n'avons garde de laiſſer prendre le deſſus à nos ſoupçons. On ne doit pas ſe laiſſer perir de faim dans l'incertitude où on eſt s'il exiſte des Corps.

En un mot les Géometres ne doivent jamais dire, *les choſes ne peuvent être autrement que nous les concevons*, juſqu'à ce qu'ils ayent épuiſé des difficultés qui ſemblent exiger des ſiecles entiers d'examen & de critique. Voici le langage qu'ils devroient tenir : Nous ſuppoſons ce principe comme vrai ; nous déduiſons une ſeconde ſuppoſition du premier principe ſuppoſé, de la ſeconde ſuppoſition nous en tirons une troiſiéme, & marcher toujours avec ordre dans la voie des ſuppoſitions.

Cette maniere de tirer les conſequences des principes, ne les conduiroit pas à la haute certitude, mais elle leur dévoileroit tous les avantages qu'on peut tirer des Mathematiques. Ils ressembleroient aux Immaterialistes, qui au milieu de leurs incertitudes, ne negligent pas les mets exquis, & sçavent bien leur donner la préference.

La connoissance des Mathematiques nous est moins donnée pour contenter notre raison qui cherche à ébranler tout, & devant qui tout sembleroit être branlant & peu sûr, si les lumieres surnaturelles ne venoient assurer nos speculations mal affermies, que pour notre propre commodité. Nos sens ne sont utiles qu'à nous rendre attentifs à notre conservation, & non point à nous faire connoître les proprietés de la matiere.

Les Mathematiques ont de la certitude autant qu'il en faut, non pas pour calmer une raison Sceptique, mais pour convaincre un Sceptique qui doit déferer aux Mathematiques dans ce qui concerne les consequences qui ne sont pas de simple Théorie, & qui conduisent à la pratique. On ne sçauroit trop imiter les Immaterialistes, dont je propose souvent l'exemple; quand on se permet de raisonner, il faut donner l'essort à son esprit, le laisser aller où bon lui semble, & ne point l'arrêter dans ses courses jusqu'à ce qu'il se fixe lui-même à quelque part ; mais quand il faut sortir de l'inaction de la Théorie, on doit être plus sur ses gardes. Il faut pour lors mépriser, ou du moins ne point déferer aux raisonnemens de pure speculation & qui sont abstraits ; on consulte l'experience & les sens.

Si l'on vouloit accorder aux Sceptiques qu'il n'est pas possible d'atteindre à une entiere certitude, sans avoir auparavant dissipé quelques nuages qui se trouvent dans la Metaphisique, & avoir établi dans cette Science des notions certaines & infaillibles, ils seroient satifaits de cet aveu, & ouvriroient peut-être les yeux à la lumiere.

Mais les prédictions Astronomiques enflent le cœur aux Mathematiciens, & leur font prendre des airs de triomphe. Ils regardent les Sceptiques comme surpris en flagrant Paralogisme, lorsqu'ils osent contester la verité des calculs, après avoir reconnu aux Astronomes le pouvoir de prédire les conjonctions des Planetes, de prévoir les Eclipses, & de déterminer le tems de leur durée. Toutes ces prédictions, disent les Mathematiciens, sont l'achopement du Pirronisme, puisque la methode des Astronomes est verifiée infaillible.

J'ai avoüé que l'Astronomie est une science aussi utile que sublime, & qu'elle est le plus haut effort de l'esprit humain; mais les prédictions Astronomiques ne peuvent pas nous convaincre de la verité des calculs avec assez de certitude pour dissiper les scrupules d'une raison Sceptique, que l'apprehension d'errer rend circonspecte. Toutes ces prédictions ne peuvent déraciner le doute de l'ame d'un Pirronien ; elles y laissent un levain d'incertitude qui fermente au lieu de s'éteindre, & qui s'étend à mesure qu'on veut l'étoufer.

Si nous étions Immaterialistes, disent les Pirroniens, pourroit-on nous prouver qu'il existe des Corps, & que le vrai chemin pour aller du bout du Pont-Neuf au Cours est de passer sur le Quai des Thuilleries ? Par ce raisonnement, toutes les fois que vous suivez le chemin qu'on vient de vous indiquer, vous ne manquez jamais de trouver le Cours. Auroit-on bonne grace de conclure ensuite, il existe une promenade publique qu'on nomme le Cours, & le Quai des Thuilleries est le vrai chemin qui conduit du bout du Pont-Neuf au Cours ?

Les Mathematiciens semblent conformer leur raisonnement à celui-ci & l'imiter parfaitement, quand ils attribuent aux Astronomes des methodes infaillibles en pretextant les prédictions des Eclipses. Nous ne sommes pas plus assurez de la réalité des Eclipses que de l'existence des Corps, disent les Pirroniens; & comme il ne peut y avoir d'Eclipses s'il n'y a des Corps, il faut prouver qu'il y a des Corps avant que d'établir l'existence des Eclipses.

Lorsqu'une fois l'esprit s'est accoutumé à chercher des subterfuges, il se forme à lui-même un labyrinthe de difficultés où on ne peut penetrer bien avant sans danger de s'y perdre, on n'est pas toujours sûr d'y retourner sur ses pas.

Les Pirroniens outrent pour l'ordinaire leur raisonnement, & poussent leur critique jusqu'à un excès temeraire & qu'on ne doit point tolerer. Nous sommes redevables aux Mathematiques de l'avantage de prédire les Eclipses; après un tel bienfait, il y auroit de l'ingratitude à ne point reconnoître leur utilité. Quand il n'y auroit point d'Eclipses, nous serions toujours assez heureux de pouvoir en prédire les apparences. Nous cherchons moins ce qui est réel en soi, que ce qui est tel par rapport à nos sens. Il n'est pas necessaire de croire qu'il y ait des Corps, pour entreprendre un voyage d'Italie, & pour se resoudre à passer les Alpes.

Nous prenons part à ce qui fait naître en nous des sentimens bons ou mauvais; nous éloignons les apparences qui peuvent exciter des impressions fâcheuses, & on se comporteroit assurément dans un monde idéal comme nous nous comportons dans le monde réel.

Que les Tables Astronomiques soient vraies ou fausses, pourvû qu'elles me conduisent avec précision à la connoissance des Eclipses, il n'y a point d'éloge que je ne leur donne.

Le Sceptique doit considerer ces Tables Astronomiques qui l'éleve à la prescience des Eclipses, comme les degrés d'un Palais enchanté qui le conduiroient jusqu'au donjon de l'édifice, d'où il découvriroit mille beautés imaginaires; bien que nous fussions convaincus que ce Palais est un lieu de fiction, nous pourrions suivre l'escalier & monter au donjon; mais nous ne devrions point porter notre jugement sur la nature de l'escalier, ni sur celle du donjon. Ne seroit-il pas effectivement à craindre que celui qui présenteroit à nos sens des objets qui n'existeroient pas, eût le pouvoir de les leur faire envisager d'un faux point de vûë, de masquer & de déguiser leus apparences.

Les calculs forment une espece d'échelle dont l'une des extremités aboutit dans un abîme de tenebres, & l'autre va ſe perdre au plus haut des nuës. Lorſque nous faiſons l'analiſe des nombres, que nous conſiderons la nature de l'unité, & que noüs cherchons à connoître ce qu'elle eſt, nous ſommes étonnés du peu d'étenduë de nos lumieres, & nous ne pouvons voir ſans une ſurpriſe extrême que la nature de l'unité préſente à l'eſprit des profondeurs qui l'épouvantent, & où il ne voit que des incertitudes & des motifs de douter.

Toute obſcure que ſoit l'idée de l'unité lorſqu'on cherche à penetrer trop avant dans ſa nature, elle eſt malgré cela aſſez claire & aſſez débroüillée pour ne devoir point être ſuſpecte dans les uſages où nous l'employons. Quoique je ne puiſſe point déterminer ce que c'eſt que l'unité, je ne croi pas me tromper lorſque je dis que je n'ai qu'un chapeau ſur la tête, qu'il y a plus d'un homme ſur la terre, que cinq & trois font huit. Les unités ſont les materiaux ou les premieres ſemences des nombres, comme les Points ſont les élemens des lignes, des ſurfaces & des ſolides. Je ſçai qu'une ligne eſt diviſible, qu'elle peut être droite ou courbe, quoique j'ignore entierement la qualité des Points dont elle eſt compoſée. Il me ſuffit de ſçavoir que le nombre contient plusieurs unités pour ne pas ignorer qu'il est divisible, qu'il est quarré, cube, &c. bien que je n'aye que des notions vagues de l'unité, & que je ne puisse point en déterminer la nature.

L'obscurité qui accompagne les notions peu sûres que nous avons de l'unité, semble se répandre aussi sur les nombres & rendre les calculs suspects & incertains. Il est à propos de se rappeller encore l'Allegorie entre les Tables Astronomiques & les degrés du Palais enchanté; bien qu'il n'y eût rien dans ce lieu imaginaire qui ne dût être pour nous un sujet de défiance & de soupçons où nos sens trompés deviendroient trompeurs, il faudroit cependant quelquefois fermer les yeux à la fiction du lieu imaginaire, & ne pas dédaigner les commodités qui s'y présenteroient.

Les Astronomes, à ce que je croi, ne sont pas dans un pays de fiction; mais comme on ne sçauroit trop se tenir sur ses gardes, il est convenable qu'ils soient circonspects dans leurs jugemens, sans cependant negliger les avantages qu'ils puisent dans la théorie du Ciel, ni se priver de la préscience des Eclipses.

L'Astronomie est incertaine dans ce qu'elle a de commun avec la Géometrie. On prédit bien des Eclipses, mais on ne peut avec tous les secours de la Trigonometrie & des regles de l'Optique déterminer avec certitude la grandeur des Corps celestes, & nous faire connoître la distance qui les éloigne du Globe de la terre. Je ne dirai rien de l'ancienne Astronomie, où il n'y avoit ni précision ni certitude dans les observations, je rapporterai seulement quelques contrarietés d'opinion qui divisent les Astronomes modernes sur la grosseur & sur la distance des Corps celestes.

Suivant les dernieres observations de l'Académie des Sciences, le Soleil est un million de fois plus gros que la terre. (*a*) Alfragan croit que la grosseur de la terre est à celle du Soleil ce que 1 est à 66. (*b*) M. Rohault ne donne au Soleil que quatre cens trente-quatre fois de grosseur plus qu'à la terre. (*c*) M. de Fontenelle regarde la Lune comme soixante fois plus petite. (*d*) D'autres modernes ne donnent à la terre que quarante-cinq fois plus de grosseur qu'à la Lune. (*e*) Alfragan a crû qu'elle étoit trente-neuf fois plus petite que la terre

(*a*) Hist. de l'Acad. des Sciences, année 1706. p. 99.

(*b*) Alfrag. élem. Astron. c 22.

(*c*) Roh. ph. part. 2. c. 12.

(*d*) Fonten. plur. des mond. trois. soir.

(*e*) Roh. *ibid.*

M. Ozanam a pensé que Mercure étoit vingt-deux mille fois plus petit que la terre. Selon Lansberge la terre n'est que douze fois plus grande que Mercure. Le P. Hardoüin, fidele sectateur de Pline, dont la Phisique roule le plus souvent sur de faux principes, soutient que de tous les corps Spheriques le plus grand après le Soleil est la terre. Il ajoute qu'il a vû avec plaisir, *cum voluptate*, ce sentiment démontré par les regles d'Optique & d'Astronomie, *opticè & astronomicè*, dans un livre Italien, où l'on prouve que la terre est plus grande non-seulement que quelqu'Astre que ce soit, mais même qu'elle surpasse en grandeur tous les Astres réunis en un seul Globe : *Terram esse majorem non modo singulis, sed omnibus sideribus ac stellis, uno sole excepto.* Hard. in Plin. tom. 1. p. 77. n. 14.

Les Astronomes ne sont pas plus unanimes lorsqu'il s'agit de déterminer la distance des Planettes, que quand il faut prononcer sur leur grandeur. Halley a donné à la paralaxe du Soleil jusqu'à douze secondes & demie, M. de la Hire en a retranché la moitié, & l'a réduit à six. M. Cassini ne lui donne que neuf secondes & demie. Halley pense que la distance du Soleil est de seize mille cinq demi Diametre de la terre. M. de la Hire l'a portée jusqu'à trente quatre mille trois cens soixante dix-sept de ces demi Diametres. Les Astronomes ne sont pas mieux d'accord sur la distance des autres Planetes.

Après toutes ces contrarietés d'opinions un Auteur moderne a bien eu raison de dire : » La Géometrie speculative & » pratique , le calcul par chiffres & par » lettres sont des principes necessaires » pour acquerir plusieurs connoissances; » mais aussitôt que vous passez à l'appli- » cation de ces principes, vous sortez des » Mathematiques , ou leur certitude vous » abandonne ; car la Musique , la Peintu- » re, l'Optique , l'Astronomie, la Géo- » graphie, la Navigation , l'Architectu- » re civile & militaire , joignent aux prin- » cipes qu'elles tirent des Mathematiques » ce que l'opinion a de douteux, & ce que » le goût a d'arbitraire. Ainsi il faut con- » venir que les Mathematiques, ou ne sont » que les clefs des sciences & une simple » introduction à la science qui n'est pas » la science même , ou si on le veut éten- » dre plus loin , qu'elles ne sont point des » sciences en prenant ce terme dans son » étroit, puisque la certitude ne les ac- » compagne plus. »

Les Mathematiques seroient des sciences bien infructueuses , si on ne pouvoit faire l'application de leurs principes sans rencontrer ce que l'opinion a de douteux, & ce que le goût a d'arbitraire. Plutarque semble attribuer ce sentiment à Platon.

» Platon reprenoit Eudoxus & Archis-» tas, qui tâchoient à réduire la duplica-» tion du solide quarré des manufactures » d'Instrumens, comme s'il n'étoit pas pos-» sible par démonstration de raison, quoi-» qu'on y tâchât, de trouver deux lignes » moyennes proportionnelles; car il leur » objectoit que cela étoit perdre & gâter » tout ce que la Géometrie a de meilleur, » en faisant retourner en arriere aux cho-» ses maniables & sensibles, en la gardant » de monter à mont & d'embrasser ces » éternelles & incorruptibles Images, aus-» quelles Dieu étant toujours attentif, en » étoit aussi toujours Dieu. *Plat. liv. 8.* » *ch. 11. Trad. d'Amiot.*

Si les principes des Mathematiques deviennent incertains par l'application qu'on en fait dans l'Architecture civile & militaire, dans l'Optique, dans l'Astronomie, ces principes considerés en eux-mêmes ne sont pas exempts d'incertitudes, & les consequences qu'on peut en tirer doivent être bien douteuses.

J'avoüe qu'il y a de l'évidence dans ces principes, mais il faut aussi reconnoître que cette évidence est enveloppée de bien des nuages ; il s'y fait un combat de lumieres & de tenebres, pendant lequel l'esprit se trouve successivement ébloüi par la lumiere & aveuglé par les tenebres. Je sçai qu'un Quarré peut être composé de quatre Points indivisibles ou infiniment petits ; je sçai de plus que la Diagonale d'un Quarré est toujours plus grande que les côtés d'un même Quarré; cependant je trouve que dans un Quarré de quatre infiniment petits le côté n'y est pas moins grand que la Diagonale. Je vois évidemment la verité de deux propositions qui se détruisent. Je vois la Diagonale plus grande que le côté, & je trouve un côté égal à la Diagonale de son Quarré. Je ferai voir dans le cinquiéme Préjugé que les Géometres doivent faire l'analise des figures parfaites, & qu'ils ne peuvent se dispenser d'entrer dans l'examen des élemens dont elles sont composées. On trouvera dans le sixiéme Préjugé plusieurs Paradoxes Géometriques fondés sur la Théorie des figures parfaites.

Si le Globe de la terre n'étoit habité que par les Partisans des Atomes Epicuriens, ce qui passe parmi nous pour verité Géometrique, seroit relevé par ces nouveaux Géometres comme des Paralogismes absurdes, leurs plus hautes speculations ayant toujours pour objet des Atomes étendus, on voit qu'ils ne pourroient jamais prendre leur effort vers la haute Géometrie, & que les plus sublimes découvertes de cette science seroient regardées par ces Géometres Epicuriens, comme des fictions poëtiques & arbitraires, ou comme des échafaudages dressés en plein vuide.

La haute Géometrie ne seroit pas la seule exposée aux insultes de ces Géometres Epicuriens, ils commenceroient à ébranler la Géometrie la plus élementaire, & déduiroient comme des verités incontestables, appuyées même de démonstrations Géometriques, les principes que nous regardons comme opposés aux premieres notions de la Géometrie.

Selon les principes de cette Géometrie Epicurienne, ce seroit avancer un Paralogisme insoutenable & qui renverseroit l'ordre de nos idées, que de vouloir faire passer un nombre infini de courbes entre la Tangente & le Cercle; ce seroit vouloir s'abuser que de reconnoître à la Couchile les mêmes proprietés que nous lui attribuons.

Ces Géometres Epicuriens seroient peut-être assez suffisans pour s'arroger les methodes infaillibles, & pour se regarder comme les dépositaires de la verité. Si on cherchoit à humilier leur arrogance, qu'on temoignât ne les suivre qu'avec quelqu'incertitude, & qu'on parût donner prise aux soupçons, ce seroit un moyen sûr de s'attirer les reproches humilians d'esprits pesans & tardifs. Ils dédaigneroient les difficultés qu'on pourroit leur opposer, comme de petites chicanes qui ne doivent point fixer l'attention d'un esprit élevé. Le plan d'une Géometrie semblable à la nôtre leur paroît une entreprise insensée.

D'un autre côté si on leur répond, c'est pour leur témoigner la part qu'on prend aux dereglemens de leur esprit ; il est dommage, leur disons-nous, que votre raison ait fait naufrage avant que d'être parvenuë à la connoissance des verités Géometriques.

L'esprit de l'homme est assez fertile en productions fausses & imaginaires, pour donner naissance à une troisiéme Géometrie ; le sistême des infiniment petits d'un seul ordre, pourroit lui servir de base. Les Sectateurs de cette Géometrie nous regarderoient comme des insensés, & traiteroient avec le même mépris les Géometres Epicuriens. Cette troisiéme Géometrie s'attribueroit, comme les autres, les methodes infaillibles & la certitude dans ses connoissances.

Je pense qu'on gouteroit beaucoup de plaisir si l'on pouvoit choisir parmi les Partisans de ces trois Géometries, trois des plus grands Zelateurs de leur Secte, & qu'on pût être témoin de leurs débats. Les Géometres sont pour l'ordinaire trop abstraits pour s'assujettir aux menuës formalités de la bienséance, & il est à présumer que l'entrevûë de ces trois Zelateurs ne se termineroit qu'après bien des reproches d'incapacité & de lenteur d'esprit.

Tous ces contrastes de principes & de methodes sont humilians pour notre esprit. Ces Partisans si zelés pour leurs sistêmes Géometriques, & qui paroissent si attachés aux interêts de leur Secte, laissent entrevoir beaucoup de précipitation & peu de discernement. Il faudroit que tous ceux qui se proposent d'atteindre à la certitude dans les matieres de Géometrie, après avoir établi des fondemens sûrs & inebranlables en Metaphisique, s'appliquassent à débroüiller l'idée de l'étenduë & à connoître la nature des élemens dont elle est composée, puisque le peu d'unanimité sur ce qui concerne la nature des Points, qui sont les materiaux des figures parfaites, est la source des dissensions qui divisent les Géometres.

Lorsqu'on entre dans la Théorie des figures

figures parfaites, & qu'on les considere comme composées d'indivisibles, on trouve que la Géometrie fourmille de contradictions, & que les Paralogismes y deviennent des verités.

Le vrai caractere de la Géometrie est moins de nous élever à la haute certitude, que de donner de la justesse à notre imagination. La Théorie des figures parfaites, lorsqu'on fait l'analise de leurs élemens, est incertaine, & ne présente à l'esprit que des objets inconnus. Quand même les spéculations sur les figures parfaites seroient claires, & qu'elles ne laisseroient aucun doute, sitôt que vous passez à l'application de leurs principes, » vous sortez des Mathematiques, ou » leur certitude vous abandonne; car la » Musique, la Peinture, l'Optique, l'Astronomie, la Géographie, la Navigation, l'Architecture civile & militaire, » joignent aux principes qu'elles tirent » des Mathematiques ce que l'opinion a » de douteux, & ce que le goût a d'arbitraire. «

Puisqu'il n'y a rien de certain dans la Théorie des figures parfaites, & que toutes ces recherches sont vaines & infructueuses quand il s'agit de les appliquer & de passer de l'inaction de la Théorie à la Pratique, il semble qu'il est bien plus à propos de considerer les figures telles que la nature les offre à nos yeux, & chargées de toutes les qualités sensibles de la matiere, parce que c'est de ces figures sensibles dont nous avons besoin pour l'Arpentage, pour l'Optique, pour l'Architecture civile & militaire.

La Géometrie Metaphisique, outre l'incertitude de ses spéculations, a un autre défaut essentiel, qui joint à l'incertitude de ses principes l'inutilité de ses recherches. Ce défaut est de n'être point à la portée de notre imagination, & de ne lui présenter aucun des objets qu'elle considere. Les proprietés de l'étenduë doivent être apperçuës par les sens, comme leur étant proportionnées. Que les intelligences, & toutes les choses spirituelles, soient à la portée de l'entendement pur, on n'y trouve point à redire; mais il faut que tout ce qui est matiere ou qui appartient à la matiere, puisse tracer son image dans le cerveau, & y dépeindre des objets sensibles.

En ne considerant dans nos raisonnemens Géometriques que des figures sensibles, nous ne pourrons point atteindre à une entiere précision, mais nous en approcherons toujours assez pour que l'erreur devienne insensible, & soit de si petite importance qu'on ait lieu de la negliger. Si je veux prendre la moitié d'un Quarré que j'aurai tracé, je n'irai point suivre pas à pas l'enchaînement des verités Géometriques, mais je diviserai par la Diagonale le Quarré dont il s'agit, parce que le Triangle-Rectangle formé par les deux côtés du Quarré & par la Diagonale qui lui sert de base, paroît à mes yeux la moitié du Quarré.

La Théorie du Quarré parfait ne serviroit qu'à broüiller mes idées; il faudroit faire l'analise de ses élemens, & après toutes ses spéculations abstraites, un Pirronien trouvera que le Triangle-Rectangle, à qui la Diagonale serviroit de base, seroit plus grand que la moitié du Quarré supposé; il lui seroit aisé de s'en convaincre selon sa maniere de raisonner.

Il ne faut pas dédaigner le temoignage des sens sur des matieres qui sont de leur ressort. Ce n'est pas à l'entendement pur à devenir Géometre, mais à l'imagination, qui doit acquerir de la justesse par la Théorie des figures sensibles, & en attendant leur rapport. Je vois dans le Cercle que j'ai tracé sur mon papier que le Diametre est environ le tiers de la circonference, qui est la plus grande de toutes les cordes; que pour diviser ce Cercle en deux parties égales, il faut que la corde interieure passe par le centre. Une Géometrie qui considere des objets ausquels notre imagination ne peut point atteindre, se guinde, & dès lors devient inutile dans nos usages, & suspecte dans ses principes.

La Théorie des figures sensibles ne peut point nous conduire à une entiere précision, elle ne peut s'arroger les methodes infaillibles & nous faire atteindre à la haute certitude ; elle se contente de nous montrer les verités d'un Point extrêmement éloigné, & de nous faire voir les choses approchant de ce qu'elles sont.

La Théorie des figures parfaites n'est pas exempte de ce défaut de précision. Malgré toutes les recherches & toutes les hautes spéculations, on n'a point pû trouver la quadrature du Cercle, déterminer la raison du Diametre à la circonference, ni celle de la Diagonale au côté du Quarré, &c. Toutes ces tentatives infructueuses prouvent qu'on ne peut connoître parfaitement la nature des lignes, soit droites, soit courbes, sans auparavant entrer dans l'analise de leurs élemens.

Il faudroit sçavoir que les lignes sont composées de tels Points, & qu'elles en contiennent un tel nombre, pour connoître exactement & avec une entiere précision le rapport qui se trouve entr'elles.

Si on connoissoit bien la nature du Cercle, on trouveroit peut-être qu'il ne sçauroit y en avoir d'égal à aucun Quarré, en supposant & le Cercle & le Quarré composés de mêmes élemens, je veux dire, de mêmes indivisibles; car comme pour faire un Quarré il faut un certain nombre de Points, par exemple, 4. 9. 16. 36. 100. de même aussi pour composer un Cercle il faudroit un nombre de Points, qui peut-être ne se trouvera jamais égal à celui qui est requis pour la construction du Quarré; le nombre des Points ne pouvant être égal dans le Cercle & dans le Quarré, il ne sçauroit y avoir de Cercle égal à un Quarré.

Joseph Scaliger n'avoit pas tout-à-fait droit de se venter dans ses Ciclometriques qu'il trouveroit la quadrature du Cercle, se proposant d'égaler des surfaces, qui peut être ne sçauroient jamais devenir égales. Il n'avoit pas moins tort d'avancer qu'un profond Mathematicien ne peut pas être un bel esprit. *Putabam clavium esse aliquid*, il est confit en Mathematiques; *sed nihil aliud scit, est germanus*; un esprit lourd & patient; *& tales debent esse Mathematici, praeclarum ingenium non potest esse magnus Mathematicus.* Si Joseph Scaliger vivoit dans notre siecle, il auroit des pensées bien differentes de celles-là ; il trouveroit qu'on a sçû allier les hautes spéculations de la Géometrie de l'infini avec la délicatesse du bel esprit.

M. de Fontenelle remarque que la Géometrie a une obscurité essentielle du côté de l'infini, dont la raison est que de ce côté elle tient à la Phisique, à la nature des corps que nous connoissons peu, & peut-être aussi à une Metaphisique trop relevée, dont il ne nous est permis que d'appercevoir quelques rayons. » Ne » peut-on point conclure de cet aveu, » dit l'Auteur du Traité de l'Opinion, » que comme la Phisique a acquis des » certitudes par l'alliance de la Géome- » trie, cette Géometrie nouvelle, en s'as- » sociant à la Phisique & à la Metaphisi- » que, a contracté un caractere different » de l'ancien ? Elle considere dans les li- » gnes, des parties infiniment petites, » c'est-à-dire des parties plus petites » qu'aucune grandeur déterminée : ce qui » fait connoître avec le secours de la Géo- » metrie ordinaire plusieurs rapports en- » tr'elles, & ces rapports connus don- » nent prise à l'Algebre qui acheve en- » suite la solution des Théoremes.

» Mais les principes du sistême de l'in- » fini s'éloignent de la justesse & de la

» precision Géometrique : Par exemple, » le Cercle & la Poligone d'une infinité » de côtés ont deux proprietés opposées; » dans le Cercle tous les rayons tirés du » centre à la circonference sont necessai- » rement égaux ; dans le Poligone l'Apo- » thême ne peut être conçû égal au rayon. » Que quelque Alexandre tranche ce nœud » plus difficile à démêler que le nœud » Gordien. Wallis ne s'est pas contenté » de l'infini, il a attribué aux Hiperboles » certains espaces plusqu'infinis: Il semble » que ces Hiperboles de la Géometrie » simpatisent assez avec les Hiperboles de » la Rhetorique. «

Si la Géometrie a une obscurité essentielle du côté de l'infini, & que la raison de cette obscurité est qu'elle tient de ce côté à la Phisique, à la nature intime des corps que nous connoissons peu, & peut-être à une Metaphisique trop relevée dont il ne nous est permis que d'appercevoir quelques rayons, jamais elle ne pourra être exempte de tenebres, puisqu'il n'est point de verité Géometrique qui n'ait un rapport essentiel avec la Phisique, la nature intime des corps que nous connoissons peu, & avec cette sublime Metaphisique dont la hauteur rend ses verités inaccessibles à des intelligences qui sont bornées.

» Toute cette matiere (*a*) est envi-
» ronnée de tenebres assez épaisses ; de-là
» vient que quelques-uns de ceux qui
» embrassent les idées de l'infini, ne les
» prennent pourtant que pour des idées
» de pure supposition sans réalité, dont
» on ne se sert que pour arriver à des
» solutions difficiles qu'on abandonne
» dès qu'on y est arrivé, & qui ressem-
» blent à ces échafaudages qu'on abat
» aussi-tôt que l'édifice est construit. «

Quoique les idées de l'infini soient de pure supposition sans réalité, & qu'on puisse les regarder comme des échafaudages qu'il faut abattre après que l'édifice est construit, elles servent néanmoins de base à la haute Géometrie, puisqu'on les employe pour arriver à la solution des Théorêmes difficiles, & que c'est l'audace de manier l'infini qui a reculé de plus en plus les anciennes limites de la Géometrie.

On pourroit réduire à quelques reflexions précises tout ce qui a été dit dans ce Préjugé d'une maniere assez vague, & en distiler ces motifs de doute.

Les Mathematiques ne sont pas des sciences qui nous conduisent à la verité par des voyes infaillibles, elles doivent

(*a*) M. Fontenelle, Préf. de la Géom. de l'infini.

au contraire nous être ſuſpectes malgré cette lueur brillante qui les environne, & laiſſer dans l'eſprit du vrai Mathematicien une chaîne non interrompuë de ſoupçons.

Premierement les Mathematiques ſont des ſciences incertaines, juſqu'à ce qu'on ait aſſuré les premiers fondemens de la Metaphiſique, & qu'on les ait rendus ſi inébranlables qu'il n'y ait plus de Sceptiques, parmi même les plus inquiets de cette turbulente Secte, qui ne les juge à l'épreuve de toutes ſes batteries. On voit en effet combien l'apprehenſion d'un Dieu trompeur qui prendroit plaiſir à ſe joüer de nos foibles lumieres, & à nous voir marcher en préſomptueux Dogmatiques dans la voye gliſſante de l'illuſion, répandroit dans ces ſciences d'incertitudes.

2°. Les Mathematiques ont une obſcurité eſſentielle du côté de l'infini qu'elles ne ſçauroient perdre de vûë, parce qu'elles tiennent à la Phiſique & à la nature intime des corps, & qu'on ne peut entrer dans la Théorie de leurs élemens ſans donner auſſi-tôt priſe aux diſcuſſions ſur l'infini.

3°. Ceux qui veulent atteindre à la haute certitude dans les matieres de Géometrie, doivent deſcendre dans la Théorie des figures parfaites, & faire l'analiſe de leurs élemens, ce qui les jette dans des discussions indispensables sur l'infini.

4°. Une Géometrie Metaphisique qui n'est qu'à la portée de l'entendement pur, sans permettre à l'imagination d'atteindre aux objets qu'elle considere, ne présente que des incertitudes dans ses principes & des inutilités dans ses recherches, puisqu'il n'est pas possible de passer des spéculations abstraites de la haute Géometrie à l'application de ses principes, sans en alterer la pureté.

5°. Les objets de la Géometrie doivent être sensibles & palpables à notre imagination, c'est à elle à manier les Lignes, les Cercles & à juger de leurs rapports.

La Théorie des figures sensibles ne peut pas nous conduire au dernier degré de la précision, défaut qui lui est commun avec les spéculations abstraites, & qui dans le fond est peu interessant; car il nous importe bien moins de sçavoir ce que les choses sont en elles-mêmes, ce qu'elles sont au rapport de nos sens, & ce qu'elles paroissent au reste des hommes. Bien que le Triangle-Rectangle formé par la Diagonale du Quarré ne fût pas égale à la moitié du Quarré, il suffit que mes sens me le rapportent égal à la moitié du Quarré, & que les autres hommes ayent un même sentiment de sa grandeur; j'aurai dèslors droit de dire que le Triangle-Rectangle formé par la Diagonale est la moitié du Quarré. Les erreurs de nos sens deviennent des verités, lorsque tous les hommes leur déferent ce titre, & qu'ils leur en accordent unanimement les prérogatives.

Les Philososophes en nous ôtant de devant les yeux le bandeau de l'exemple & de l'opinion, devroient remarquer qu'on s'éloigne quelquefois de la verité en fuyant certains préjugés qui ont prévalu. Une erreur qui recevroit de tous les hommes les mêmes hommages qu'on rend à la verité, en auroit quelques caracteres & sembleroit approcher beaucoup de sa nature.

S'il étoit possible de supposer que les Peuples eussent dès le commencement du monde combiné les nombres autrement qu'ils ne l'ont fait, il faudroit bien compter & chifrer à leur maniere.

En supposant pour un moment que les hommes se soient accoutumés à joindre les idées de cinq & de quatre à celle de douze, il faudroit déferer à la force de cette méchante habitude, & se resoudre à tenir ce langage erroné, *cinq &*

quatre font douze : Ce seroit déranger l'ordre de leurs idées de dire cinq & quatre font neuf ; car les idées de cinq & de quatre ne seroient point liées à celle de *neuf*, mais seulement à celle de *douze*. Si on ne vouloit point renoncer au commerce des hommes, il faudroit admettre leurs faux calculs.

Il n'est pas possible que cinq & quatre fassent jamais douze, mais il ne paroît pas qu'il soit impossible qu'un Dieu qui voudroit nous tromper (*a*) pût tellement assortir nos idées, que celles de cinq & de quatre fussent toujours liées à celle de douze, & jamais à celle de neuf ; car ayant d'une part l'idée de cinq & de l'autre l'idée de quatre, il pourroit faire succeder à ces deux idées qui sont independantes de celle de neuf, l'idée de douze.

Cet arrangement trompeur des idées de cinq & de quatre suivies de celle de douze, formeroit une chaîne de Paralogismes, ausquels il faudroit necessairement déferer, pour se faire entendre des hommes qui suivroient les principes erronés de cette Arithmetique trompeuse.

(*a*) Remarquez que la supposition de cette fausse Arithmetique est établie sur une impossibilité, puisqu'un Dieu trompeur ne peut exister.

L'usage doit quelquefois prévaloir à la verité, lorsque les apparences de la verité servent de fondement à l'usage. Les faux calculs de la mauvaise Arithmetique que j'ai supposée, devroient être admis, quoiqu'ils fussent établis sur des idées mal assorties & faussement combinées.

M. l'Abbé de S. Réal ne semble pas s'être fort éloigné de cette pensée lorsqu'il dit, que c'est moins à l'histoire des faits qu'à l'histoire des opinions que nous devons faire tendre nos recherches.

Si vous en exceptez toutes les matieres qui peuvent avoir quelques rapports à la Religion, on pourroit dire que c'est en effet bien moins la verité des choses qui est l'objet de nos recherches, que l'opinion que les hommes en ont conçûë. Un homme qui n'auroit précisément que la science des faits sans celle des opinions, ne passeroit pas pour être aussi sçavant que celui qui n'auroit que la science des opinions sans celle des faits : La science des opinions bien mieux que celle des faits est le nerf des ouvrages de grande érudition, c'est en elle que consiste la belle litterature.

Neque etiam rerum ipsarum cognitionem critica suppeditat, sed viam tantum aperit, ad intelligendum eorum sermonem, qui de rebus egerunt. Haud magis queritur quid verum sit, quid falsum, seu an quod id legimus veritati consentaneum sit, nec ne: sed tantum qui possimus intelligere quid sibi velint hi quorum scripta legimus. Uno verbo quæritur vera dictorum sententia, non veritas eorum quæ dicuntur. (a)

La maxime de M. le Clerc ne doit point être mise en usage dans les matieres qui ont quelques rapports même éloignés avec la Religion, on n'en peut faire l'application qu'à des matieres profanes & peu interressantes.

(a) Le Clerc, *Artis criticæ pref.*

SECOND PRE'JUGE'

Contre les Mathématiques, fondé sur l'autorité des personnes qui ont douté de la vérité, & de leurs principes & de leurs conséquences.

JE ne me fonde point ici sur l'antiquité Pirronienne : je ne produirai point ni les Académiciens, ni les Sceptiques, ni les Cirénaïques, ni les Disciples de Démocrite, ni ceux de Protogoras ; quoiqu'on ne doute point que toutes ces Sectes n'ayent eu des partisans d'un grand mérite, & aussi éclairés peut-être que ceux de notre siécle, si vous en exceptez les lumieres de la foi. Je m'appuye principalement sur les modernes.

Voici ce que dit M. Bayle. « M. Huet » ayant dit qu'Epicure rejetta la Géo» métrie, & les autres parties des Ma» thématiques, parce qu'il croyoit » qu'étant fondées sur de faux princi» pes, elles ne pouvoient pas être vé» ritables, ajoute que Zenon les attaqua » par un autre endroit, ce fut d'alléguer » qu'afin qu'elles fussent certaines, il » auroit fallu ajouter à leurs principes

» certaines choses qu'on y avoit pas join- » tes. *Alia via adversus Geometriam graf- » sabatur Zeno Epicureus, imperfecta ejus » esse docens initia, unde nihil effici posset, » nisi alia quædam adjicerentur, quæ in iis » prætermissa sunt, quam ejus sententiam » toto libro confutare conatus est Posidonius.* » Les Mathématiques sont ce qu'il y a de » plus évident, & de plus certain dans les » connoissances humaines; & néanmoins » elles ont trouvé des contredisans. Si » Zenon eût été un grand Métaphisicien, » & qu'il eût suivi d'autres principes que » ceux d'Epicure, il eût pû faire un Ou- » vrage mal-aisé à réfuter, & il eût taillé » plus de besogne aux Géometres qu'on » ne se l'imagine. Toutes les sciences ont » leur foible. Les Mathématiques ne sont » pas exemptes de ce défaut. Il est vrai » que peu de gens sont capables de les » bien combattre; car pour bien réussir » dans ce combat, il faudroit être non » seulement un bon Philosophe, mais » aussi un très-profond Mathématicien. » Ceux qui ont cette derniere qualité, » sont si enchantez de la certitude & de » l'évidence de leurs recherches, qu'ils » ne songent point à examiner s'il y a » quelqu'illusion, ou si le premier fonde- » ment a été bien établi. Ils s'avisent ra- » rement de soupçonner qu'il y manque

» quelque chose. Ce qu'il y a de constant, » est qu'il regne beaucoup de disputes en- » tre les plus fameux Mathématiciens ; ils » se réfutent les uns les autres ; il y a des » répliques & des dupliques parmi eux » comme parmi les autres Sçavans. Nous » voyons cela parmi les modernes, & il » est sûr que les anciens ne furent pas plus » unanimes : c'est une marque que l'on » rencontre dans cette route plusieurs » sentiers ténébreux, qu'on s'égare, & » qu'on perd la piste de la vérité. Il faut » nécessairement que le tort vienne des » uns ou des autres ; puisque les uns assu- » rent ce qui est nié par les autres. On di- » ra que c'est le défaut de l'ouvrier, & » non pas celui de l'art, & que toutes ces » disputes viennent de ce qu'il y a des » Mathématiciens qui se trompent, en » prenant pour une démonstration ce qui » ne l'est pas. Mais cela même témoigne » qu'il se mêle de l'obscurité dans cette » science. Outre qu'on peut se servir d'u- » ne pareille raison quant aux disputes des » autres Sçavans, on peut dire que s'ils » suivoient bien les regles de la dialecti- » que, ils éviteroient les mauvaises con- » séquences qui les font errer. Avoüons » pourtant qu'il y a beaucoup de matieres » philosophiques sur quoi les meilleurs » Logiciens sont incapables de parvenir à

» la certitude, vû l'inévidence de l'objet. » Or cet inconvénient ne ſe trouve pas » dans l'objet des Mathématiques, tant » qu'il vous plaira ; mais il y a d'ailleurs » un défaut irréparable & très-énorme ; » car c'eſt une chimere qui ne ſçauroit » exiſter. Les points Mathématiques, & » par conſéquent les lignes & les ſurfaces » des Géometres, leurs globes, leurs » axes, ſont des fictions qui ne peuvent » jamais avoir aucune exiſtence ; elles ſont » donc inférieures à celles des Poëtes ; car » celles-ci pour l'ordinaire n'enferment » rien d'impoſſible : elles ont pour le » moins la vrai-ſemblance & la poſſibili- » té. (*a*)

Gaſſendi a fait une obſervation ingénieuſe. Il dit que les Mathématiciens, & ſur-tout les Géometres, ont établi leur empire dans le païs des abſtractions & des idées, & qu'ils s'y promenent tout à leur aiſe ; mais que s'ils veulent deſcendre dans le païs des réalités, ils trouvent bientôt une réſiſtance inſurmontable. *Mathematici, imprimiſque Geometræ quantitatem abſtrahentes à materia, quoddam quaſi regnum ſibi ex ea fecerunt quam liberrimum, quippe nullo facto à materiæ craſſitie, pertinaciaque impedimento : quare ſuppoſuere imprimis in ea ſic abſtracta ejuſce modi di-*

(*a*) Dict. Crit. & Hiſt. art. Zenon.

mensiones, ut punctum foret prorsus immune partibus fluendo lineam, longitudinemve latitudinis expertem crearet . . . atque istæ quidem suppositiones sunt ex quibus Mathematici intra puræ abstractæve Geometriæ cancellos, & quasi regnum consistentes suas illas præclaras demonstrationes tenuerunt. (a) . . . *Uno igitur verbo Mathematici sunt, qui in suo illo abstractionis regno ea indivisibilia supponunt, quæ sine partibus, sine longitudine, sine latitudine, ac eam multitudinem, divisionemque partium quæ ad finem nunquam perveniat. Non item vero Phisici, quibus in regno materiæ versantibus tale nihil licet.* Il donne un exemple de la vanité de leurs démonstrations; c'est que deux subtils Mathématiciens venoient d'éprouver qu'une quantité finie, & une quantité infinie étoient égales. *Nuper viri præclari* CAVELLARIUS & TORRICELLIUS *ostenderunt de acuto quodam solido infinitè longo, & cuipiam tamen parallelepipedo, cilindrove finito æquali.*

D'autres prouvent qu'il y a des quantitez infinies bornées de chaque côté. (*b*) S'ils trouvent de l'évidence dans ces sortes de démonstrations, ne leur doit-elle pas être suspecte, puisqu'après tout elles

(*a*) Gassendi Ph. sect. I. liv. III. chap. 5.
(*b*) Voyez la Phisique du P. Maignan, ch.

ne surpassent pas l'évidence avec quoi le sens commun nous apprend que le fini ne sçauroit jamais être égal à l'infini, & que l'infini, en tant qu'infini, ne peut avoir de bornes ? J'ajoute qu'il n'est pas vrai que l'évidence puisse accompagner ces Messieurs par tout où ils se promenent : j'en prens à témoin un homme qui entendoit parfaitement bien leur rafinement. (*a*) » Il seroit à souhaiter, dit cet Au- » teur, que l'analise des infiniment pe- » tits, que l'on prétend être d'une fécon- » dité admirable, portât dans ses démon- » strations cette évidence que l'on a droit » d'attendre de la Géometrie; mais quand » on raisonne sur l'infini, sur l'infini de » l'infini, sur l'infini de l'infini de l'infini, » & toujours de suite sans jamais trouver » de bornes qui arrêtent, & que l'on ap- » plique à des grandeurs finies ces infini- » tez d'infinis, ceux que l'on veut instrui- » re ou que l'on entreprend de convain- » cre, n'ont pas toujours la pénétration » requise pour voir clair dans de si pro- » fonds abîmes. . . . Ceux qui sont ac- » coutumés aux anciennes manieres de » raisonner en Géometrie ont de la peine » à les quitter, pour suivre des méthodes

(*a*) Journ. de Trévoux du mois de May & de Juin 1701. art. xxxiij. pag. 423. édit. de Hollande.

» si abstraites; ils aiment mieux n'aller pas » si loin, que de s'engager dans les nou» velles routes de l'infini de l'infini, où » on ne voit pas toujours assez clair autour » de soi, & où on peut aisément s'égarer » sans qu'on s'en apperçoive. Il ne suffit » pas en Géometrie de conclurre, il faut » voir évidemment si on conclut bien.

C'est un assez bon préjugé contre les Mathématiques que de dire que M. Pascal les méprisa avant même qu'il s'attachât à la dévotion : il les avoit aimées passionnément, & il y avoit fait des progrès extraordinaires ; il avoit d'ailleurs un jugement très solide. Peu de gens pouvoient connoître mieux que lui le prix des choses. Ce ne fut point par sa conversion à *l'unique nécessaire*, qu'il se dégouta des sciences qui l'avoient charmé. L'examen même de la chose & les réflexions qu'il fit sur les discours d'un homme du monde le guérirent de sa prévention. Nous serions trop simples si nous nous imaginions que le Chevalier de Meré l'attaqua par des pensées pieuses ; il n'employa sans doute que des considérations philosophiques : voici quel en fut l'effet. Voyez le commencement d'une Lettre qu'il écrivit à M. Pascal. (*a*) » Vous souvenez-vous de

(*a*) Lettres de M. le Chev. de Meré p. 60. édit. d'Hollande.

» m'avoir dit que vous n'étiez plus si persuadé de l'excellence des Mathématiques ? Vous m'écrivez à cette heure que je vous en ai tout-à-fait désabusé, & que je vous ai découvert des choses que vous n'eussiez point vûës si vous ne m'eussiez connu. Je ne sçai pourtant pas si vous m'êtes aussi obligé que vous le pensez. Il vous reste encore une habitude, à ne juger de quoi que ce soit que par vos démonstrations, *& qui le plus souvent sont fausses.* Ces longs raisonnemens que vous tirez de ligne en ligne vous emmenent d'abord en des connoissances plus hautes qui ne trompent jamais. . . . Mais vous demeurez toujours dans les erreurs, où les fausses démonstrations de la Géométrie vous ont jetté, & je ne vous croirai point tout-à-fait guéri des Mathématiques, tant que vous soutiendrez que ces petits Corps, dont nous disputâmes l'autre jour, peuvent se diviser à l'infini. »

L'Auteur se vante d'une merveilleuse habileté dans les sciences dont nous parlons. « Vous sçavez, dit-il, dans le même endroit, que j'ai découvert dans les Mathématiques des choses si rares, que les plus sçavans des anciens n'en ont jamais rien dit, & desquelles les meilleurs Mathématiciens de l'Europe ont été sur-

» pris. Vous avez écrit sur mes inven-» tions, aussi bien que Huigens, & M. » Fermat, & tant d'autres qui les ont ad-» mirées. Vous devez juger par-là que je » ne conseille à personne de mépriser cet-» te science ; & pour dire le vrai, elle » peut servir, pourvû qu'on ne s'y atta-» che point trop : car d'ordinaire ce qu'on » y cherche si curieusement paroît inuti-» le, & le tems qu'on y donne pourroit » être bien mieux employé. Il me semble » aussi que les raisons qu'on trouve en » cette science, pour peu qu'elles soient » obscures, ou contre le sentiment, doi-» vent rendre les conséquences qu'on en » tire fort suspectes, sur-tout lorsqu'il s'y » mêle de l'infini.

M. Huet Evêque d'Avranche, après avoir amplement discouru sur plusieurs définitions qui servent de base à sa Démonstration évangélique, dit : (*a*) *Nullæ in iis ambages, tricæ nullæ, tenebræ nullæ cujusmodi in ipso Geometricarum definitionem aditu densissimæ occurrunt : nam & ea definiuntur quæ nusquam sunt, nec fuerunt unquam, neque humana industria esse possunt, & ita definiuntur ut nihilo plus intelligas. Cum enim punctum esse dicunt, cujus nulla est pars, vel lineam longitudinem latitudinis expertem, verbis id sane dicunt,*

(*a*) Préface de la Démonstration Evangel.

mente ipsi neutiquam percipiunt. Quantumvis enim contendant ingenii vires, nunquam rem in animo inducere poterunt partium penitus inopem, vel longitudinem ac latitudinem sine ulla altitudine; quæ si nusquam sunt, proinde nec circuli, nec triangula, aliave planæ figuræ, imo nec sphæræ aut piramides, aut cubi, aliave corpora, in quorum consideratione ars Geometrica versatur. Non sum nescius multa in contrarium afferre ipsos, & magnificè se jactare. Geometria, *inquiunt*, scientia est rerum æternarum punctorum & linearum adamantina vis est æterna & immutabilis, *juxta Platonem. Animo, non mentibus, Geometria subministrat.* Operibus quidem perficiendis addicta non est, sed cognitionem solum præbet, *ait Plato. Puncta, lineas, superficies, & quæ ex iis giguntur corpora geometrica, etiam si imaginari non possumus, animo tamen cognoscimus. Ego vero non intelligo quo sensu æterna dici possunt, quæ non sunt quidem . . . . Qui vero animo, non fantasia nos ea percipere volunt, ratione id nobis persuadere non possunt; ostendant enim aliquid esse posse in intellectu, quod non fuerit in sensu, deinde animum eorum qui punctum se percipere aiunt, de meo animo æstimare possum. Cur ego animo percipere non possum quod ipsi se percipere aiunt? Cur id nihilo magis percipiunt alii qui*

qui definitiones illas aspernati sunt? Tantum vero abest ut id animo percipere possum, ut potius valida mihi argumenta animus meus suppeditet, quibus principia fictitia hæc nec esse, nec percipi posse persuadeor. Urgent tamen Geometræ, atque hæc esse saltem aiunt, in mente Dei; esto an id definire possunt quod est in mente Dei, nec in mente humana esse potest; nam ignotum non potest definiri. Quod autem in mente mea non est, ignotum mihi est . . . . De natura anguli quantæ extiterunt Geometrarum controversiæ, cognoscitur ex procli disputationibus, quas cum legeris incertior eris multò quam dudum . . . iniqua dixi postulata Geometrarum qui ea concedi sibi volunt, quæ nec facta sunt unquam, neque futura, neque arte humana fieri possunt.

M. de la Mothe-le-Vayer combat contre les Mathématiques, quoiqu'indirectement. » L'obscurité que les Sceptiques veulent établir en toutes choses est » si épaisse & si invincible qu'elle étouffe» roit toutes les lumieres de l'entendement, & nous rendroit tels que des » aveugles nés si on les laissoit faire . . . » L'ignorance des Sceptiques étoit rai» sonnable & discouruë, qui ne s'ac» quiert que par le moyen de la science, » qu'on peut nommer une docte ignoran» ce, aussi-bien que celle dont le Cardi-

„ nal de Cusa a fait trois livres & une apo-
„ logie ; car l'extrême science produit
„ souvent le même effet que l'extrême
„ ignorance, & rien ne nous fait si paisi-
„ blement ni si franchement avoüer la
„ foible portée de notre esprit que quand
„ nous l'avons élevé par l'étude jusqu'à la
„ plus haute connoissance dont il est na-
„ turellement capable ; c'est alors qu'in-
„ formé par tous les traits possibles du
„ peu que nous pouvons sçavoir de nous-
„ mêmes, & que détrompés des vaines
„ opinions de suffisance & de doctrine,
„ nous reconnoissons qu'au lieu des cer-
„ titudes & des verités dogmatiques,
„ nous nous devons contenter, humai-
„ nement parlant, des apparences & du
„ vrai-semblable que la Sceptique nous
„ propose. „ (*a*)

L'autorité du fameux Agripa n'est pas tout-à-fait à mépriser. Voici ce qu'il dit (*b*) dans le Traité de la vanité des Sciences.

„ Il est maintenant tems de dire des
„ disciplines Mathématiques, lesquelles
„ sont estimées les plus certaines de tou-
„ tes ; néanmoins toutes n'ont fonde-

(*a*) De la Mothe le Vayer de la vertu des Payens, chap des Sceptiques.

(*b*) Traité de la vanité des Sciences, chap. xj. p. 94.

„ ment ailleurs qu'ès opinions de ceux „ qui les ont enseignées, lesquels n'ont „ pas failli peu souvent, & toutefois on „ leur ajoute grande foi ; ce qui est té- „ moigné par Albubater l'un d'entr'eux, „ disant que les anciens mêmes, jusques „ passé l'âge auquel Aristote a vêcu n'ont „ point bien entendu les Mathématiques, „ & comme ainsi soit que le principal su- „ jet de ces Sciences soit le rond, tant en „ figure qu'en nombre ou en mouvement „ ils sont toutefois contraints de confes- „ ser que le rond, globe ou sphere ne se „ trouve parfaitement en aucun lieu, ni „ naturellement, ni fait par artifice ; & „ combien que ces disciplines n'ayent „ causé en l'Eglise de Dieu guieres d'hé- „ résies, ou point du tout, si est-ce que, „ comme dit S. Augustin, elles sont inu- „ tiles à notre salut, plûtôt nous détour- „ nent de Dieu, & induisent à pecher, „ que autrement ; & ne sont, ainsi que „ S. Hierome afferme, Sciences dignes „ de personnes craignans Dieu. „ Il con- tinuë sur l'Arithmétique, & dit : (*a*) „ Entre icelles l'Arithmétique tient le „ premier rang. C'est la Science des nom- „ bres qui est comme la mere & origine „ des autres, non moins superstitieuse „ que vaine.

(*a*) *ibid* ch. xij. p. 95.

M. Descartes, que tout le monde sçait avoir été un Géometre fameux, & des mieux accréditez, n'a pas laissé de donner une furieuse atteinte aux Mathématiques, en disant que Dieu peut changer les essences des êtres, (*a*) faire une Géométrie toute nouvelle, de telle sorte que des propositions contradictoires d'Euclide fussent vraies. Si cela est, nous ne sçaurions marcher avec confiance dans les Mathématiques; tout doit nous y paroître & branlant & muable; nous devons enfin les tenir pour suspectes. Je puis donc conclurre que M. Descartes a regardé les conséquences de Géometrie bien plus en Pirronien qu'en Dogmatique.

Voici un Passage de la Placette, Traité de la Conscience, page 377, d'où l'on peut conclurre combien cet Auteur redoutoit les armes offensives du Sceptique. „ On peut instruire les plus ignorans, on „ peut convaincre les plus entêtez, on „ peut persuader les plus incrédules; mais „ il est impossible, je ne dirai pas de con„ vaincre un Sceptique, mais de raison„ ner juste contre lui, n'étant pas possi„ ble de lui opposer quelque preuve qui „ ne soit un sophisme le plus grossier

(*a*) Voyez les principes & les méditations de M. Descartes.

„ même de tous les Sophismes, je veux „ dire une petition de principes. En effet, „ il n'y a point de preuves qui puisse con- „ clure qu'en supposant que tout ce qui „ est évident est veritable, c'est-à-dire, „ qu'en supposant ce qui est en question; „ car le Pirronisme ne consiste propre- „ ment qu'à ne pas admettre cette maxi- „ me fondamentale des dogmatiques. «

Jugez si un homme qui est dans de telles dispositions ne se sentira pas un peu ému contre un Géometre qui lui dira, qu'on m'amene le plus outré des Sceptiques & je le réduirai, je soumettrai sa raison, & je ferai évanoüir ses doutes.

Jean-François Pic de la Mirandole s'est déclaré ouvertement contre les Mathematiques. *Nec obest cum aliquibus dicitur intellectum non propterea decipi, quod aliter, quam ipsa sit rem concipiat, quia virtus abstrahens, unita divisim concipiens, & divisa conjonctim, & materialia sine materia, & singularia universaliter. Hoc nihil officit quia de actu reflexo quæstio fieret, & an videlicet se decipi nosset an minime quæreretur? Nam si intellectu presentetur linea sive latitudine, ut pote ratio longitudinis minimè lata, quoniam longitudinis ratio definitione latitudinis est diversa, non tamen ita in re esse ut distincta sunt, percipi, alioquin men-*

tiretur. Non autem falsitate labat, ob sinceram primo in obtutu præsentationem, quoniam diverso modo à longitudine, diversa à latitudine quamquam propriè & veræ eadem in linea & superficie existant, moveretur: quare est concipit rem aliter quam est, non tamen eam judicat aliter quam est: quare differunt concipere rem aliter quam sit, & concipere quod res sit aliter quam sit; id ad primum, hoc ad secundum intellectus officium pertinet. In 10. nulla falsitas, in 20. mendacium. Cum ergo quispiam abstrahit, ita ut credat eamdem rem ita distingui in se, ut eam intellectus distinctè secernit, longè fallitur: & si postea aliis falsum hoc insinuare voluerit, apertè mentitur, cum solæ abstractiones illæ ad faciliorem intelligentiam deserviant, & ad dignoscendum quod in una eademque re diversæ, & sint & habeantur rationes, quibus possit res apprehendi, & tot fere sunt quot accidentia. Quis enim potest negare omnem sensilem à qua Mathematicus insensilem abstrahit, tantummodo imaginariam esse, & verè in se suaque natura superficium esse, & longitudinem non carere latitudine juncta, quamquam alia sit longitudinis ratio, & alia latitudinis; & punctum partes habere, & ita de reliquis proportione pari. In summo, inquit Cicero, honore apud Græcos Geometria fuit, itaque nihil Mathematicis illustris; ut nos metien-

di, ratiocinandique utilitate inspecta hujus artis terminavimus modum, hæc in prima Tusculana Cicero de Romanis, qui Geometria ad metiendum dumtaxat uterentur, ad speculandum ut Græci. Sed arbitror solum de antiquitatis Græcorum authoribus locutum, nam posteriores non forte secus ac Romani, si vera narravit Xenophon in libro De dictis Socratis : *Hoc est censuisse Socratem tantum operæ dandum esse Geometricæ, quantum sufficeret ad mensuram agrorum ac distributionem. Reprobavitque eos qui difficili figurarum cognitioni vellent invigilare. Adde illud, si summa, ut plerisque existimatur, certitudine polleret Geometria, id quod de ea, quispiam didicisset non credi, non posset : at scribit Cicero in secundo Academicico Polyenum magnum Mathematicum, postquam Epicuro assensit, totam Geometriam falsam credidisse, eam certè sicut & cæteras quæ Mathematicæ nuncupantur disciplinas non tanti facta à* Io. *Pico Patruo meo, quanti solet à multis. Illud me movet quod in ejus fragmentis inveni non nulla in illas ipsas argumenta, ex parte potestatis. Sunt enim in potentia, non in actu, & reipsa plurimum quæ contemplatur, tota præterea in imaginatione, versatur sæpe numero falsa, & implerisque omnibus fere hallucinata. Ex parte rei objectæ quæ nullam habet firmitatem ex sese, nam sunt ac-*

cidentia non substantiæ, quorum affectionibus dignoscendis Geometræ invigilant.... Si verò quispiam perfectionem illis artibus arrogare vellet ex modo cognoscendi, respondebat (Patruus meus.) Ibi perfectionem esse non posse ex parte cognitionis ubi principia certa non essent. Revocantur enim in dubium & divisio in continuo infinita, existentia puncti, lineæ, & alia multa : Illudque præcipuè rejicitur, quoniam ad infinitum figuræ Geometricæ produci possunt ; demonstrari præterea quicquam in eis non posse per veras causas multi sanxerunt. Jean-Franç. Pic, *in Exam. Doct. Van. Gent. lib. III. cap. 6. p. 956. & seq.*

M. Conti n'a pas été plus favorable aux Mathematiques » Je ne lui ai pas » demandé d'être agregé à la Societé » Royale, (il parle de M. Newton) c'est » lui-même qui me l'a offert ; j'y ai con» senti. Mes infirmités ne me permettent » pas de m'applipuer autant que je le sou» haiterois à la Philosophie experimen» tale & aux Mathematiques, & je dois » tout ce que j'en sçai à M. Herman, ci» devant Professeur de Mathematiques » dans l'Université de Padoüe : J'aime » beaucoup ces sortes d'études, mais elles » ne m'inquiétent gueres, & dans le fond » je n'en estime pas plus l'objet que le » Quadrille ou la Chasse ; tout cela re-

vient

» vient au même quand on l'examine sans » passion, & d'ailleurs excepté quinze » ou vingt problêmes utiles aux Arts & » aux usages de la Societé, tout le reste » sera peut-être méprisé un jour comme » certaines questions Scolastiques du Vui- » de, des Atomes, du Tems, de la per- » fection de l'Univers, &c. que M. New- » ton méprise. « Bibliot. Franç. de M. Conti, vol. VII. p. 193.

M. le Clerc apperçoit trop d'obscurités dans les Mathematiques pour ne point y trouver quelques incertitudes de la part même des principes. *In sermone idem evenit ac in Algebra, ubi quantitati aut planè ignoratæ, aut non distinctè notæ certum nomen imponit, ut A B, &c. Interea dum ex regulis artis ad ejus cognitionem contenditur; ita quoque in quotidiano sermone de innumeris loqui cogimur, quæ obscurissima sunt, quamvis vulgus interdum notissima esse sibi persuadeat.* Le Clerc, tom. 1 Edit. p. 312. art. crit.

Ceux qui déferent aux Mathematiques le titre peu modeste de sciences certaines, prévalent par leur nombre qui forme un Sophisme d'autorité propre à leur gagner de nouveaux Proselites, & à imposer aux esprits offusqués du bandeau de l'exemple & de l'opinion.

L'approbation d'un homme sage & judicieux doit être quelquefois préferée aux suffrages du grand nombre, & le préjugé n'est pas toujours en faveur de la multitude.

Lorsqu'on remonte à l'origine des opinions; on trouve qu'elles s'introduisent souvent comme des coutumes qui doivent leur commencement à quelques personnes que les autres ne font qu'imiter. Avant qu'Arcesilas eût jetté les fondemens de la seconde Académie, il eût été difficile de trouver des Pirroniens dans le monde. S'il n'y avoit eu un fondateur des Stoïciens, les Dogmatiques nous seroient peut-être inconnus aujourd'hui, & on ne butteroit point à la haute certitude.

La voye du scrutin n'est pas propre à justifier une opinion, & à nous convaincre de sa verité; on doit recourir à la pluralité des voix, quand ceux qui donnent leurs avis sont également interessés à les faire recevoir, qu'il faut terminer quelque point interressant, imposer silence à des Sectaires; on défere pour lors au plus grand nombre, & quand même son autorité ne seroit pas d'un assez grand poids pour nous faire quitter nos premiers sentimens, elle doit avoir assez de crédit sur notre esprit pour nous engager à les taire, & à ne point s'opposer aux décisions de la multitude.

La nature des sciences Mathematiques nous laisse la liberté de ne pas convenir de leur certitude, & la qualité des Juges qui leur déferent les methodes infaillibles ne nous assujettit pas aux Arrêts que l'humeur décisive fait émaner de leur Tribunal.

Avant la découverte des Telescopes, tout le monde ignoroit les taches qu'on a depuis apperçûës sur la brillante surface du Soleil; les yeux ébloüis par l'éclat de cet Astre n'appercevoient rien en lui qui ne fût lumineux : avec le secours des Lunettes à longüe-vûë on a détrompé les sens & on a trouvé des défauts de lumiere dans l'Astre qui en est la source.

Lorsque tous les hommes séduits par le témoignage trompeur de leurs sens, n'appercevoient point les opacités qui dérobent à nos yeux une partie de la lumiere du Soleil, qu'auroit-on dû penser si quelques Philosophes s'étoient levés pendant la solemnité des jeux Olimpiques, & qu'ils eussent assuré à tous les assistans qu'ils appercevoient de grandes taches au milieu du Disque Solaire? on les auroit pris certainement ou pour des foux, ou pour des imposteurs. Le préjugé de la multitude auroit combattu en faveur de la préoccupation & de l'illusion des sens.

On doit comparer la lumiere du Soleil à l'évidence des Mathematiques, & les taches que les yeux perçans découvrent sur la surface de cet Astre aux motifs de douter de la verité de ces Sciences, qui ne se laissent pas entrevoir indifferemment à tous les esprits.

Si tous les hommes, excepté un seul, avoient la vûë trop foible pour découvrir les taches du Soleil, avec le secours même des Telescopes, un habile Astronome qui les auroit apperçûës rendroit graces au Ciel d'avoir l'organe de la vuë mieux disposée que tout le reste du genre humain, & ne penseroit pas devoir déferer à la multitude.

Ceux qui mettent en problême la certitude des Mathematiques, ne sont pas insensibles à la lumiere qui les environne; ils apperçoivent ces sciences de leur plus beau point de vûë, & cherchent à connoître toute la clarté dont elles peuvent être susceptibles; mais ne se laissant pas éblouïr par l'éclat de leur évidence, ils trouvent en elles des motifs suffisans de douter, & des tenebres assez épaisses pour donner prise à des soupçons.

Si on laissoit aux Pirroniens, versés dans les Mathematiques, le soin d'enseigner ces sciences & de former les Géometres, on verroit bien-tôt que le nombre de ceux qui leur déferent les methodes infaillibles, n'auroit pas pour soi le préjugé de la multitude.

On est convaincu que les Mathematiques sont des sciences certaines, & qu'elles conduisent par des voyes sûres à la verité avant même qu'on les ait étudiées. Ceux qui vous les enseignent, dirigeant toute votre attention vers la lueur qui les accompagne, vous persuadent aisément que vous marchez dans des païs de certitude, & que vous ne devez avoir aucun sujet de défiance.

Si le prejugé combat en faveur de ceux qui paroissent si enchantés de l'évidence des démonstrations de la Géometrie, c'est qu'il se trouve peu de Mathematiciens qui entrent serieusement dans des examens critiques. On acquiert plus de gloire à trouver la solution d'un problême difficile en suivant des methodes qui ne sont point contestées, qu'à faire voir que ces methodes ne sont pas infaillibles, & qu'on doit les avoir pour suspectes. L'usage est de tirer des consequences, & non point d'établir des principes.

Parmi ceux qui ont apperçû dans les Mathematiques des motifs suffisans de douter de la verité de ces sciences, vous y trouvez des esprits du premier ordre. Vous avez entre nos modernes les deux Pics de la Mirandole, Joseph Scaliger, Mrs. Bayle, Huet, Descartes, Agripa, Gassendi, le Clerc, Pascal, ce qui paroit par la Lettre du Chevalier de Meré, & tous les autres dont j'ai rapporté l'autorité, sans ceux dont j'aurois pû faire mention, si je n'avois apprehendé d'être diffus inutilement.

La grande litterature de ces hommes Doctes & d'ailleurs si penetrans, n'est pas pour nous un pretexte legitime de dedaigner leurs doutes. Ils n'étoient pas de ces robustes Sçavans du Nord, dont la Grandeur du merite se proportionne quelquefois à la grosseur des compilations. La Republique des Lettres sçait leur rendre justice, & ne pas moins admirer leur sagacité, que l'étenduë de leur science.

Les frequentes diversions que tous ces grands hommes faisoient avec les Lignes & les Cercles, ne les empêchoient pas d'être des Mathematiciens très-judicieux, quoique plusieurs personnes leur en conteste le titre. La haute idée que nous avons conçûë de l'excellence de leur discernement, ne nous permet pas de croire qu'ils eussent entrepris de critiquer ce qu'ils n'entendoient pas.

On ne doit pas déferer pleinement à la multitude lorsqu'elle se trouve opposée de sentimens avec des personnes graves, & qui ne se signalent pas moins par l'étenduë de leurs lumieres, que par la solidité de leur jugement.

A qui devons nous ajouter foi? est-ce à nos Géometres, qui disent qu'ils n'ont jamais trouvé dans les Mathematiques que de l'évidence & un jour merveilleux, ou bien à ceux qui après avoir entrevû & consideré attentivement toute la clarté dont ces sciences peuvent être susceptibles, avoüent avec sincerité y avoir encore apperçû des incertitudes & mille motifs de douter?

Si un General détachoit trente Coureurs pour reconnoître l'assiete d'une Place, & que parmi ce nombre il s'en trouvât cinq qui fissent ce rapport : Nous avons fait plusieurs fois le tour de la Place, nous l'avons examinée de tous les côtés, & nous jugeons qu'on peut monter à l'assaut par tel endroit qui nous a paru très-foible. Parmi ces trente Coureurs il s'en trouveroit vingt-cinq qui diroient : Nous pensons que la place est imprenable de toute part. Quelle devroit être la disposition du Géneral, en voyant si peu d'unanimité dans les rapports de ces Emissaires? lui conseilleriez-vous de donner créance à ceux qui jugent la place imprenable, & de renoncer au blocus ?

Si le General agissoit prudemment, il défereroit au rapport des cinq, qui assureroient avoit remarqué des endroits foibles dans la place ; car en supposant que ces cinq Coureurs sont sinceres, on ne pourroit guere se dispenser de croire que la place n'eût effectivement les endroits foibles qu'ils auroient découverts. Il est vrai que parmi les trente Coureurs il s'en trouveroit vingt-cinq qui jugeroient que la place est à l'épreuve de toutes les batteries ; mais que pourroit-on conclure de-là, sinon que les endroits foibles de cette place leur ont échapés, pour n'avoir peut être point jetté les yeux où il falloit ? Il est plus commun de ne pas voir tout ce qui est, que voir ce qui n'est pas.

Je prie le Lecteur de vouloir observer 1°. qu'il y a eu dans tous les siecles éclairés des esprits assez peu soumis à l'autorité des Géometres, pour ne pas accorder aux Mathematiques le titre présomptueux de sciences certaines, & leur refuser les methodes infaillibles. 2°. Que ceux qui ont fait un problême de la verité de ces sciences ne paroissoient pas dans le monde comme des Phœnix isolés, ils avoient des Partisans de leurs doutes, & ils ont jetté les fondemens de la seconde Académie, qui est la tige du Pironisme ancien & du moderne. 3°. Que parmi ceux qui se sont opposés aux prétentions présomptueuses des Mathematiciens, il s'est toujours trouvé des esprits d'un ordre superieur, & dont la memoire si précieuse à la Republique des Lettres sera transmise à la posterité.

Les hommes se laissent assez conduire par l'autorité, pour que celle de toute l'antiquité Pirronienne des fameux Pics de la Mirandole, de Scaliger, de Huet, de Gassendi, de Bayle, de Descartes, de Pascal, &c. puisse leur faire naître des soupçons sur la certitude des Mathematiques, & les rendre moins décisifs.

Il n'est pas étonnant que des Géometres fassent des Mathematiques leur idole, & regardent comme des insensés ceux qui osent en attaquer la certitude; car leur imagination étant toute occupée de Lignes, de Plans & de Solides, de Directions, de Courbes, de Mouvemens, &c. il ne semble pas qu'ils soient fort propres à descendre dans les embarassantes discussions d'une critique bien épurée. Les raisonnemens abstraits des hautes speculations excitent en eux une humeur rêveuse & mélancolique, & lorsqu'une fois leur bile est irritée, on ne doit pas esperer de grace lorsqu'on veut choquer directement l'objet de leurs recherches.

Je ne sçai pas comment il s'est pû trouver des esprits assez inconsiderés pour traiter de foux & pour vômir tant d'autres invectives atroces contre ceux à qui la seule crainte d'errer fait mettre en problême la verité des Mathematiques, puisque tous les siecles éclairés ont fourni des hommes recommandables par les plus précieux talens de l'esprit, qui ont contesté la certitude de ces sciences.

Je puis ajouter ici une reflexion de Jacques Masse qui m'a paru fort judicieuse : » Je vous annonce, dit-il, que » comme j'ai beaucoup meilleure opinion » des qualités d'un homme qui nage con- » tre le courant d'un torrent, que d'un » autre qui se laisse insensiblement em- » porter à ses flots ; je fais de même un » jugement infiniment plus avantageux » de la pénétration & de la solidité de l'es- » prit de celui qui examine tout, & qui » s'oppose quelquefois à des opinions re- » çûës depuis long-tems, que de ceux » qui les ont heritées de leurs ancêtres, & » qui ne les conservent souvent qu'à cau-

» se de leur âge ou de leur autorité ; par-
» ce qu'il arrive rarement qu'on sorte de
» la voye commune que l'on n'ait des rai-
» sons pour le faire, au lieu qu'on peut
» fort bien n'en point avoir pour ne s'en
» point écarter. « (*a*)

(*a*) Jacques Masse, Voyages.

TROISIE'ME PRE'JUGE',

Fondé sur les incompréhensibilités & les profondeurs de cette science, reconnuës des plus profonds Mathematiciens.

L'Autorité de M. de Fontenelle sera d'un grand poids ; voici ce qu'il dit sur les profondeurs des Mathematiques. (a) » La Géometrie de Cavalerius subit le » sort des nouveautés les plus dignes de » l'approbation du public, & même les plus » destinées à l'emporter avec le tems. De » grands Géometres l'attaquerent, de » grands Géometres l'adopterent ou la dé- » fendirent. C'est-là la premiere fois que » l'infini ait paru dans la Géometrie en » forme systématique & dominante sur » une grande & vaste théorie, quoique » encore extrêmement enveloppée.

» Il faut convenir cependant que tou- » te cette matiere est environnée de te- » nebres assez épaisses, & de là vient que » quelques-uns de ceux qui embrassent » les idées de l'infini ne les prennent pour- » tant que pour des idées de pure sup-

(a) Préface de la Géometrie de l'Infini.

» poſition ſans réalité, dont on ne ſe » ſert que pour arriver à des ſolutions » difficiles qu'on abandonne dès qu'on » y eſt arrivé, & qui reſſemblent à des » échafaudages qu'on abbat auſſi-tôt que » l'édifice eſt conſtruit.

» L'infini Géometrique étant bien en- » tendu, ſes principes bien inébranlables, » les conſequences bien liées, la plûpart » des recherches un peu élevées ne laiſ- » ſent pas de nous jetter dans des abî- » mes d'une obſcurité profonde, ou tout » au moins dans des païs où le jour eſt » extrêmement foible .... Une infinité » d'autres merveilles incomprehenſibles » par elles-mêmes naiſſent à chaque mo- » ment ſous les pas des Géometres, & il » ſemble que la Géometrie qui ſe pique » d'avoir la clarté en partage devroit être » exempte de merveilles; quelquefois » même les methodes, quoique fines & » ingenieuſes, ne donnent aucune idée » nette. Je n'ai point vû, par exemple, » de Géometre qui entendît préciſément » ce que c'eſt dans la regle des inflexions » & des rebrouſſemens qu'une difference » ſeconde devenuë égale à l'infini: J'en » puis dire autant de la courbure infinie » que l'on démontre telle, ſans ſçavoir » aucunement en quoi elle conſiſte ..... » Quoiqu'il en ſoit, il eſt arrivé dans la

» haute Géometrie un chose bisare, la » certitude a nui à la clarté.... De plus » la gloire a toujours été attachée aux » grandes recherches, aux solutions des » problêmes difficiles, & non à l'éclair- » cissement des idées.... Ceux qui ont » le plus traité de l'infini Géometrique, » ne l'ont fait jusqu'à present qu'avec un » reste de timidité.... Que si cependant » la Géometrie a toujours quelqu'obscu- » rité essentielle qu'on ne puisse dissiper, » ce sera uniquement à ce que je croi du » côté de l'infini ; c'est que de ce côté la » Géometrie tient à la Phisique, à la na- » ture intime des corps que nous con- » noissons peu, & peut-être à une Meta- » phisique trop relevée dont il ne nous » est permis que d'appercevoir quelques » rayons. «

M. de Malezieu (*a*) reconnoît des incompréhensibilités & des profondeurs dans les Mathematiques ; il s'y trouve reduit à l'Acatalepsie. » Rien n'est plus » étonnant, dit ce Géometre, que ces » verités démontrées touchant les incom- » mensurables ; la Ligne A C & la Ligne » A D, ont chacune une infinité d'Aliquo- » tes pareilles, & dans ce nombre infini » je ne puis jamais en trouver une seule » qui puisse être l'Aliquote des deux Lignes.

(*a*) Elem. de Géom. pag. 147.

» Je puis prendre, par exemple, la » cent milliéme partie de la Ligne A C, » la deux cent milliéme, & la quatre cent » milliéme partie, & ainsi doublant » toujours à l'infini sans que jamais au- » cune de ces petites parties puisse être » précisément contenuë un certain nom- » bre de fois dans la Ligne A D.

» Je puis même choisir une infinité d'A- » liquotes de la Ligne A C, d'un ordre » tout different. Je puis prendre la trois » cent milliéme partie, la neuf cent mil- » liéme & ainsi triplant toujours à l'in- » fini, sans que jamais dans cette infinité » d'infinis je puisse trouver une partie qui » mesure exactement la Ligne A D.

» Cette verité démontrée démontre in- » vinciblement la divisibilité de la ma- » tiere à l'infini; ou pour mieux s'ex- » primer autrement, que l'étenduë ne » peut être composée d'indivisibles, car » si le côté du Quarré, par exemple, » étoit composé d'indivisibles, il en » contiendroit necessairement un certain » nombre, ainsi l'un de ces indivisibles » seroit Aliquote de ce côté. Prenant » maintenant l'un de ces indivisibles ou » Aliquote pour mesurer la Diagonale, » il y seroit contenu précisément un cer- » tain nombre de fois, ou avec un reste. » Si vous dites qu'il y est contenu pré-

» cisément un certain nombre de fois ; » voilà la Diagonale commensurable au » côté , ce qui a été démontré impossi- » ble. Si vous dites que cet indivisible est » contenu dans la Diagonale un certain » nombre de fois avec un reste , je vous » demande ce que c'est que le reste d'un » indivisible ? ce reste sera necessaire- » ment plus petit que l'Aliquote dont il » est reste , & par consequent cette Ali- » quote n'étoit pas indivisible contre la » supposition , donc l'étenduë n'est pas » composée d'indivisibles.

» Il n'y a rien de démontré si cela ne » l'est pas ; car de dire comme certaines » gens , qu'il n'y a point de Quarrés par- » faits , par consequent point de côtés ni » de Diagonales , c'est raisonner pitoya- » blement.

» Il n'est pas necessaire qu'il y ait au » monde ni de Quarrés , ni de Triangles, » ni de Cercles pour établir la verité des » démonstrations Géometriques , il suffit » de leur possibilité ...... On ne peut » pas même pousser assez loin l'extrava- » gance , pour oser dire que quand bien » il n'y auroit à present dans l'Univers » aucun Agent créé qui pût tracer un » Quarré parfait , il fût impossible à ce- » lui qui a créé la matiere d'en enfermer » une petite portion dans un espace par- faitement

» faitement quarré ; ainsi la verité des » incommensurables subsiste invinciblement.

» Voilà donc des points démontrés impossibles, mais voici bien autre chose.

» Si le Point est impossible, qu'est-ce » donc que la rencontre de deux côtés » qui forment l'Angle du Quarré ? Si le » Point est impossible, le Cercle est impossible. Car si Dieu forme une boule » parfaite, & qu'il la pose sur un plan » parfait, le Point de contingence aura-t-il quelque étenduë ? S'il a quelque » étenduë, il est surface ou pour le moins » Ligne ; ainsi la Tangente & le Cercle » auront une étenduë commune. Direz-vous que Dieu ne sçauroit faire un » Cercle parfait ? vous aurez aussi-tôt » fait de dire que Dieu n'est pas que de » borner si ridiculement sa puissance.

» D'ailleurs quand je considere attentivement l'existence des êtres, je comprens très-clairement que l'existence » appartient aux unités & non pas aux » nombres ; je m'explique.

» Vingt hommes n'existent que parce que » chaque homme existe, le nombre n'est » qu'une dénomination exterieure, ou » pour mieux dire, une repetion d'unités ausquelles seules appartient l'existence ; il ne sçauroit jamais y avoir

» de nombres s'il n'y a des unités ; il ne » sçauroit jamais y avoir vingt hommes » s'il n'y a un homme : Cela bien conçû, » je vous demande ce pied Cubique de » matiere, est ce une seule substance, » en sont ce plusieurs ? vous ne pouvez » pas dire que ce soit une seule substan- » ce, car vous ne pourriez pas le diviser » en deux ; si vous dites que c'en sont » plusieurs puisqu'il y en a plusieurs, ce » nombre tel qu'il soit est composé d'u- » nités. S'il y a plusieurs substances exis- » tantes, il faut qu'il y en ait une, & » cette une ne peut être deux ; donc la » matiere est composée de substances in- » divisibles

» Voilà notre raison reduite à d'étran- » ges extremités. La Géometrie nous dé- » montre la divisibilité de la matiere à l'in- » fini, & nous trouvons en même tems » qu'elle est composée d'indivisible. Hu- » milions-nous encore une fois, & re- » connoissons qu'il n'appartient pas à une » créature, quelqu'excellente qu'elle puis- » se être, de vouloir concilier des veri- » tés dont le Créateur a voulu lui cacher » la compatibilité. «

Cavalerius convient que son systême des indivisibles le jette indispensable- ment dans des infinis plus grands les uns que les autres. » Difficulté à laquelle on

» ne croit pas, dit-il, que les armes même » d'Achille puissent resister. «

Le P. Lamy reconnoît des abîmes profonds & tenebreux dans les Mathematiques : Il est convenu qu'on s'y perd dans des cahos d'obscurité, & que l'esprit s'y trouve parfaitement confondu : Voici ce qu'il en avoüe.

» Ces reflexions sur l'incommensurabilité de certaines grandeurs, sont de » la derniere importance pour se convaincre de cette verité, d'un si grand » usage dans la Religion, qu'il y a des » choses de fait constantes qui sont incomprehensibles. Nous connoissons » plusieurs verités touchant les grandeurs » incommensurables également certaines » & cachées qu'on ne comprend point; » ce qui nous apprend que quoique les » mysteres soient incomprehensibles & » qu'on n'en ait point d'idées parfaites, » néanmoins on en peut croire & démontrer plusieurs choses. Mais en même tems que cette matiere nous fait » connoître les bornes de l'esprit de » l'homme, elle nous en doit faire concevoir la vaste étenduë, & sa grande » penetration qui lui fait découvrir tant » de choses dans ce qui de soi-même » est tellement caché, qu'on ne peut point » connoître ce qu'il est veritablement. «

Il n'y a pas de livres de Mathematiques où on ne lise les mêmes reflexions. Si je me borne à l'autorité de ces quatre Géometres, c'est que j'apprehende d'être diffus inutilement.

Il y a des profondeurs dans les Mathematiques, & des abîmes de tenebres que nos foibles lumieres ne peuvent dissiper. Ceux qui attribuent à ces sciences la haute certitude & les methodes infaillibles, en font un aveu sincere. Ils conviennent que tout y fourmille de contradictions, & qu'on trouve des incompatibilités à établir les notions les plus élementaires de la Géometrie. L'obscurité est essentielle aux Mathematiques, parce qu'elles donnent necessairement prise à des discussions interminables sur l'infini, par la necessité qu'elles nous imposent d'entrer dans l'examen des figures parfaites, & de faire l'analise de leurs élemens.

Le Cercle est une figure dont les élemens de la circonference sont également éloignés d'un Point commun, ou selon les principes du systême de l'infini, le Cercle est le Poligone d'une infinités de côtés. Ces définitions du Cercle font naturellement naître à l'esprit deux reflexions qui me paroissent interessantes.

Le Géometre qui étudie le Cercle s'abuseroit, s'il pensoit pouvoir éluder l'analise des élemens de cette figure. Il faut selon la définition qu'on donne du Cercle, que tous les Points de la circonference soient également éloignés d'un centre commun : on ne doit donc point ignorer ce qu'on entend par les élemens de la circonference du Cercle si on ne veut avoir de cette figure des idées très-confuses, & qui ne soient point digerées. Pour se former des notions justes de la nature du Cercle, il faut ranger des Points à égale distance d'un centre commun, & les concevoir comme autant de substances simples qui soient parfaitement indivisibles.

Il faut donc necessairement entrer dans l'analise des élemens du Cercle, & connoître les Points dont il est composé, puisque selon les differentes manieres d'envisager cette figure, elle nous presente des proprietés qui ne sont pas les mêmes, & qui se combattent le plus souvent.

Si on suppose l'aire du Cercle semée d'indivisibles, il est hors de doute que les Diametres se joindront avant que d'arriver au centre, & qu'ils se rencontreront vers les circonferences de quelques excentriques, il faut pourtant en excepter ceux qui se couperoient aux Angles droits.

Dans l'hipotheque de la divisibilité inépuisable, les Cercles seroient d'autant plus parfaits que leurs circonferences seroient moins éloignées du centre. Suivant le principe des indivisibles, les Cercles n'en seroient pas moins parfaits pour avoir des rayons mille fois plus grands que n'est celui du Soleil.

Dans le sistême des Atomes Epicuriens, on ne pourroit point diviser un Globe en deux Hemispheres si son Diametre contenoit un nombre impair d'indivisibles. Il est donc interessant aux Géometres de s'instruire de la nature des Points, qui ne sont pas moins les semences des figures parfaites que les premiers materiaux de l'Univers, puisqu'on voit naître divers plans de Géometrie, des differentes notions qu'on se forme sur les principes de la matiere.

L'analise des figures parfaites nous jette indispensablement dans les discussions de l'infini. Suivant l'hipotese des indivisibles, le Cercle parfait peut aller en croissant sans trouver de bornes qui l'arrêtent. L'Angle aigu formé par la Tangente décroît à mesure que la grandeur du Cercle augmente, & devient plus obtus selon que la circonference du Cercle se trouve resserée dans les limites plus étroites; tous les décroissemens qui arrivent à cet Angle le font parvenir à un point de petitesse & d'attenuation qui le rendent imperceptible & d'où nous le perdons de vuë.

On ne peut éviter les discussions de l'infini, lorsqu'on cherche les propositions du Diametre & de la circonference de la Diagonale au côté. On approche à l'infini de la précision, & on trouve en même tems qu'il n'est pas possible d'y atteindre.

Si vous déterminez le nombre des élemens d'un Triangle ou d'un Quarré, vous trouvez dans la Théorie de ces figures un vaste champ de contradictions, & il n'y a que les suppositions de l'infini qui puissent les éluder.

Il n'y a point de milieu entre ces deux extrêmes, il faut ou faire l'analise des élemens des figures parfaites, ou suivre les hipotheses de l'infini. Si on se détermine au premier, il faut jetter les fondemens d'une nouvelle Géometrie; si l'on aime mieux penetrer dans les profondeurs de l'infini, on aura assez de bon sens pour appercevoir que tout doit nous y être un sujet de défiance & de soupçons, & assez de bonne foi pour avouër qu'on n'entrevoit que des incertitudes & des motifs de douter.

QUATRIEME PRE'JUGE'.

Fondé sur les disputes qui s'élevent parmi les plus profonds Mathematiciens, & sur la discordance de leurs principes.

VOici ce qu'on trouve dans l'Histoire de l'Academie des Sciences : (*a*) „ Cette année il s'éleva dans l'Academie „ une dispute dont elle fut assez long- „ tems & peut être trop long-tems oc- „ cupée. La Géometrie que l'on appel- „ le des infiniment petits est une metho- „ de pour toutes les Lignes courbes fon- „ dée sur un principe connu & employé „ par les anciens Géometres, mais dont „ ils n'ont pas penetré l'étenduë immen- „ se. Elle consiste à considerer les cour- „ bes comme des poligones d'une infi- „ nité de côtés, mais à s'en tenir là com- „ me ils ont fait, c'est peu de choses. „ M. Descartes ayant ouvert une plus „ grande carriere aux Mathematiciens, „ & jetté un plus grand jour dans les „ sciences ; quelques Géometres du pre- „ mier ordre, comme Mrs. Barrou & Neuton

(*a*) De l'année 1701. p. 87. 88. & 89.

„ Neuton, M. Barnouilli, & sur tout M. „ Leibnitz pousserent beaucoup plus loin „ ce principe de courbes, considerés „ comme des Poligones infinis, & M. le „ le Marquis de l'Hôpital rassemblant „ toutes leurs vûës, & y ajoutant les „ siennes, forma comme un nouveau sys- „ tême de Géometrie qu'il exposa dans „ le fameux livre de l'Analise des infini- „ ment petits. On vit paroître pour la pre- „ miere fois un corps de Géometrie regu- „ liere, où une infinité de solutions diffe- „ rentes ne dépendoient que du même „ principe, où l'on en donnoit sans peine „ plusieurs que l'ancienne Géometrie n'eut „ osé tenter, où l'on donnoit avec une „ facilité incomparablement plus gran- „ de celles qui pouvoient être commu- „ nes à l'ancienne & à la nouvelle; mais „ M. Rollé & M. l'Abbé Galois s'éleve- „ rent contre une nouvelle methode „ qui prétendoit de si grands avantages. „ Comme elle suppose perpetuellement „ l'infini & le comprent dans ses cal- „ culs aussi frequemment & aussi hardi- „ ment que le fini. Comme elle admet des „ grandeurs infiniment plus petites, qui „ cependant se peuvent encore resoudre „ en d'autres grandeurs infiniment plus „ petites, qui ont encore elles-mêmes leur „ infiniment plus petites, & ainsi de suite

„ à l'infini ; ils attaquerent le systême par „ ces endroits là, qui paroissoient fourmiller de contradictions. M. le Marquis „ de l'Hôpital demeura dans un parfait „ silence, soit parce qu'il se reposa sur „ les temoignages que lui avoient rendus „ les plus grands Géometres de l'Europe, „ soit parce qu'il crut que des veritésGéometriques, si elles l'étoient une fois, „ n'avoient besoin d'aucun secours humain, soit parce qu'il attendit toujours „ qu'après avoir laissé à part les principes qui produisoient des questions difficiles & Metaphisiques à éclaircir, on „ prit le parti plus facile de démontrer „ les Paralogismes Géometriques, où des „ principes faux n'avoient point dû manquer de le conduire. Mais M. Varignon qui avoit saisi avidement la nouvelle Géometrie presque dès sa naissance & s'en étant toujours servi depuis „ avec succès, s'en rendit le défenseur dans „ l'Academie, & fut l'objet de toutes „ les attaques de Mrs. Galois & Rollé. „ Cette contestation tint pendant cette „ année dans les conferences Academiques presque toute la place qu'auroient „ pû y tenir de nouvelles recherches, qui „ auroient perfectionné ou enrichi la Géometrie ; & M. l'Abbé Bignon laissa un „ cours libre à la dispute, persuadé que

„ c'est la destinée des nouveautés quelles qu'elles soient d'essuyer des contradictions, que ces contradictions même leur sont necessaires pour les affermir lorsqu'elles sont fondées sur la verité, & qu'enfin l'esprit Academique demandoit qu'on écoutât tout, & qu'aucune objection ne pût se plaindre d'avoir été opprimée ; à la fin cependant comme la dispute traînoit trop en longueur, qu'elle se chargeoit, ainsi qu'il est ordinaire, des choses particulieres, persônnelles & inutiles ; que des démonstrations très-exactes ne terminoient rien, & que les passions entraînoient dans la Géometrie ; M. l'Abbé Bignon nomma pour juger la question avec tous ces incidens le P. Goüye, & Mrs. Cassini & de la Hire, ou peut-être voulut-il seulement par cette esperance d'un jugement éloigné calmer la chaleur des esprits ; car au fond il n'appartient de décider qu'au public, il sçaura bien si la nouvelle Géometrie n'est pas solide, se retracter de la grande voye qu'il commence à lui donner, & y démêler avec le tems les erreurs qu'il n'y a point apperçûës. «

Voici une Lettre du P. Castel adressée à M. de Fontenelle ; (*a*) le Lecteur

(*a*) Journal de Trevoux 1728, mois de Juillet à la fin.

jugera de l'opposition qu'il y a entre leurs principes.

» Monsieur, lorsque dans le premier » Extrait que j'ai donné de votre bel Ou» vrage au mois de Juillet des Memoi» res de Trevoux, j'ai insinué quelques » doutes legers sur le fond general de vo» tre systême de l'infini numerique, & » sur deux ou trois principes de calcul, » outre que je ne l'ai fait qu'après vous » en avoir demandé l'agrément, mon » principal but en rendant aussi à la verité » ce qui lui est dû, a été de faire écla» ter plus vivement par-là la sincerité » des applaudissemens que j'ai crû devoir » aux belles choses dont est plein cet Ou» vrage. Je m'étois contenté de vous » communiquer en particulier les raisons » que j'avois de n'être pas de votre » sentiment; mais ces raisons ne vous » ayant pas paru suffisantes, & n'ayant » pû moi-même sentir jusqu'ici la force » de vos repliques, vous avez jugé & » j'ai jugé aussi qu'il étoit tems de porter » cette legere diversité de pensées au tri» bunal du Public, qui est effectivement » le juge souverain de ces sortes de dis» putes litteraires; car jusqu'ici les par» ticuliers qui ont adopté votre sentiment » ou le mien, n'ont pû être pris de part » & d'autre, que comme des parties in-

» teressées ou affectionnées à l'un ou à » l'autre parti; & il n'y a que le Public » dont les lumieres & l'autorité puissent » décider en dernier ressort. Or pour n'en » n'en pas faire à deux fois, voici le ré- » sultat de toutes nos discussions parti- » culieres.

» Il y a sur-tout deux points sur les- » quels j'ai pris la liberté de n'être pas » de votre sentiment; le premier re- » garde la maniere dont vous évaluez » $\frac{1}{2}\,\frac{2}{3}\,\frac{3}{4}\,\frac{4}{5}$ &c. vous prétendez que la » somme en est moindre que celle de » l'infinité d'unitez 1 1 1 1 1, &c. par- » ce que chaque terme, dites-vous, de » la premiere est moindre que chaque ter- » me correspondant de la seconde, sur- » quoi j'ai insinué dans l'Extrait que la » somme de la premiere étoit néanmoins » plus de la moitié, plus des deux tiers, » plus des trois quarts, plus, &c. de la » seconde, d'où il est facile de conclure » qu'elles sont donc parfaitement égales.

„ Outre cette démonstration facile, en „ voici une autre dont j'ai donné la clef „ dans le Paradoxe du Mercure de Juin, „ dont vous avez donné une solution se- „ lon vos principes. Car concevant une „ Hiperbole équilatere tracée avec des „ Asymptômes, & prenant ces Asymp- „ tômes pour l'unité, on aura la suite

„ 1 1 1 1, &c. répréſentée par la conca-„ vité de la courbe & de leur difference „ $\frac{1}{2}\ \frac{1}{3}\ \frac{1}{4}\ \frac{1}{5}$ &c. repréſentée par la conve-„ xité Aſymptotique. Or cet eſpace A-„ ſymptotique eſt infiniment petit par „ rapport aux deux autres qui ſont in-„ finis du ſecond ordre, donc ce qu'il „ falloit démontrer, &c....

„ M. Leibnitz, comme nous l'avons „ avoüé dans ſon éloge, dit, M. de „ Fontenelle (*a*) paroît avoir un peu „ chancelé ; il ſemble qu'il ſe fût relâ-„ ché juſqu'au point de réduire les infi-„ nis de differens ordres à n'être que des „ incommenſurables, dans le ſens qu'un „ grain de ſable ſeroit incomparable au „ Globe de la terre, ou ce Globe à un „ Globe dont la diſtance du Soleil à Si-„ rius ſeroit le rayon, ce qui ruineroit „ l'exactitude Géometrique des calculs, „ duquel poids ne doit pas être l'autori-„ té de l'inventeur contre l'invention. "

Pluſieurs paſſages d'Ariſtote nous prouvent que la quantité en tant que détachée de tout ce qui tombe ſur les ſens, eſt l'objet des Mathematiques. (*b*) La plûpart des Mathematiciens avoüent que

(*a*) Préſ. de la Géom. de l'infini.

(*b*) Voſſius, *De ſcient. Mathematicis*, p. 4. *&* *ſeq.*

cet objet n'existe point hors de notre entendement. M. Barrou a trouvé mauvais qu'ils en convinssent, sa (*a*) censure tombe nommément sur le Jesuite Blancanus & sur Vossius; Blancanus a prétendu que l'existence du Globe & du Triangle des Géometres est possible. *Ultimo dici potest hæc entia esse possibilia, quis enim neget Angelum aut Deum ea posse efficere?*

M. Hobbes débute un peu brusquement avec les Géometres. (*b*) *Itaque per hanc Epistolam hoc ago, ut ostendam tibi non minorem esse dubitandi causam in scriptis Mathematicorum, quam in scriptis Phisicorum, ethicorum, &c.*

Omitto inter Geometras dissensiones, & mutua convitia, quæ signum certissimum ignorantiæ sunt. Ipsa aggredior principia, & interdum etiam demonstrationes: sive enim principia falsa sint, sive illatio necessario non sit, demonstratio nulla est, pro Geometris omnibus oppugnabo Euclidem, qui omnium Geometrarum magister existimatur, & interpretem ejus omnium optimum Clavium. Itaque primo loco examinabo Euclidis principia. Secundo ea quæ principiis illis innitentia videntur mihi esse falsa, seu ea sint

(*a*) Isaac Barrou, *Lect. V. p.* 85.

(*b*) Hobb. *De princip. & ratiocinatione Geometrarum Præfat.*

Euclidiis sive Clavii, sive cujuscunque Geometræ, qui principiis illis, vel aliis falsis usi sunt, atque ita oppugnabo ut meliora rejectis substituam, ne artem ipsam videar labefactore velle.

Definitio prima Euclidis puncti est hæc, punctum est cujus nulla pars.... definitio ergo puncti apud Euclidem, quem admodum eum intelligunt Geometræ omnes post Euclidem, vitiosa est .... quam tamen si nullum in Geometria errorem peperisset, prætercissem. Lineam definit Euclides longitudinem esse, sine latitudine. Scilicet conformatur hæc ad definitionem puncti, & propterea eadem omnino habet vitia.

Linea ab aliis definitur puncti moti vestigium, *sive via. De qua definitione Clavius sic loquitur : Mathematici quoque ut nobis inculcent veram Lineæ intelligentiam, imaginantur punctum jam descriptum superiori definitione, è loco in locum moveri. Cum enim punctum sit prorsus individuum, relinquetur ex eo motu imaginario vestigium quoddam longum omnis expers latitudinis.*

La critique qui est le dernier effort de la reflexion & du jugement, (*a*) trouve dans les contrastes qui allument le flambeau de la guerre parmi les Mathematiciens, un aliment propre à nour-

(*a*) C'est la définition que M. Dacier donne de la critique.

rir ses doutes & à satisfaire le penchant cruel qu'elle a de medire & à paroître severe. Le peu d'unanimité qui regne entr'eux les assujettit à son empire, & ne permet pas qu'on se relâche en leur faveur de la severité de ses loix. Les Mathematiciens sont trop superbes pour demander à la critique qu'elle use à leur égard d'indulgence, & la critique est trop inexorable pour n'être pas inflexible à la voix des Mathematiciens, & trop jalouse de son empire pour les voir soustraits à sa domination.

On ne trouve rien dans les Mathematiques qui merite qu'on ait pour ces sciences des égards privilegiés. L'histoire Profane & Sacrée n'ayant pû être à couvert des traits de la critique, les Mathematiciens auroient tort de vouloir éluder son tribunal; ils doivent être jugés selon toute la rigueur des loix qui y sont établies.

La critique tient pour suspect un fait qui est differemment circonstancié par les Historiens qui en ont écrit, & elle suspend tout-à-fait son jugement sur la réalité du fait, lorsqu'il se trouve contesté par des Auteurs qui n'avoient aucun interêt à la contredire : Elle est même quelquefois si rigoureuse qu'elle employe jusqu'au raisons negatives. Les Dynasties de Maneton ne seroient pas à l'abri des soupçons & des incertitudes, si elles ne pouvoient s'ajuster avec les Histoires de Filon & d'Herodote.

La critique haït à un tel excès la contrariété des opinions en matiere d'histoire, qu'elle a fait tous ses efforts pour concilier les Chronologies Chinoïses, Chaldaïques, celles des Egyptiens, des Perses, des Arabes, avec les Antiquités Judaiques, comme si nous avions besoin de quelques garans de la foi de Moïse, & que l'époque de la création dût être pour nous une matiere de problême.

La critique ne peut respecter les décisions de la Massore, quand elle voit ceux qui la composent se faire une guerre cruelle lorsqu'il s'agit de déterminer le sens de quelques mots Hebreux ; elle juge qu'il ne faut pas déferer à des Interpretes aussi peu unanimes, & que la langue Hebraïque est susceptible de trop de divers sens, pour qu'un simple particulier puisse sans une direction expresse du Saint-Esprit, éluder les sens trompeurs & saisir les veritables.

Si les Caraïdes & nos Hebraïsans regardoient en critiques le contraste bisare que forme la varieté de leur opinion, & l'énorme distance qui les éloignent de sentimens, ceux-ci seroient plus soumis aux traditions de l'Eglise, & ceux-là auroient moins d'éloignement pour les Paraphrases du Talmud.

La critique se divertit de voir des Dervis serieusement aux prises & inonder l'Empire du Grand-Seigneur d'un déluge de Commentaires sur l'Alcoran ; elle prend plaisir à les voir venir quelquefois aux mains pour déterminer l'époque de l'Hegire, & des matieres aussi graves & aussi interessantes qu'est celle-là.

Le grand nombre de Sectes qui partagent nos freres Schismatiques, nous fait regarder en pitié l'execution insensée de leur prétenduë reforme.

La multiplicité des opinions du Paganisme nous inspire autant de mépris pour l'idolâtrie, que la pluralité de ses fausses Divinités nous donne d'horreur pour ses Dogmes monstrueux

Bien que l'Eglise ne puisse point perdre la piste de la verité, il arrive cependant que par une tendre condescendance pour des enfans qui lui sont soumis, elle s'abstient quelquefois de décider, lorsqu'elle ne les voit point concourir avec unanimité à ses Decrets. Nous en avons un exemple au Concile de Trente, où on ne voulut point faire un article de Foi de l'Immaculée Conception. Une des raisons qui apparemment empêcha le S. Concile de prononcer, bienque toutefois il pût le faire sans aucune crainte de s'éloigner de la verité, fut l'obstacle qui se trouvoit à concilier l'opinion des Dominicains avec celle des Freres Mineurs; obstacle, qui à dire vrai, ne pouvoit guere être surmonté que par l'entreprise d'une puissance plus qu'humaine.

Dans les Tribunaux Seculiers on n'écoute pas moins ceux qui contestent la verité du fait, que ceux qui se rendent délateurs du fait. S'il arrivoit même qu'un homme fût accusé d'homicide par deux témoins, & qu'il se présentât deux autres temoins qui assurassent que l'accusé est innocent du crime qu'on lui impute, puisqu'ils étoient avec lui en Flandre le jour même que l'homicide fut commis à Paris, les Juges differeroient leur jugement jusqu'à ce qu'ils eussent de nouveaux éclaircissemens du fait.

Il y a dans la Théologie des questions libres, que l'on nomme problêmatiques: Il est permis d'adopter celles qui semblent mieux trouver leurs places dans l'enchaînement des principes ; mais la critique condamneroit ceux qui en les embrassant en deviendroient les esclaves ; car en general le combat des opinions est un sujet de défiance, & doit faire naître des doutes.

Ceux qui ont prétendu ébranler les fondemens de la loi naturelle, ont employé l'argument du peu d'unanimité des nations sur les Aphorismes de la morale. Machiavel, (*a*) Hobbes, la Mothe le Vayer, Montagne n'ont pas negligé ce topique.

Nous prenons plaisir à voir les Astrologues se donner le démenti, & s'accuser reciproquement d'ignorance dans les choses Celestes, quand ils en viennent à dresser le thême d'une naissance. Nous jugeons de là que la science de l'Astrologie est une fourbe, & que les Astrologues sont des imposteurs.

Nous pensons que la Phisique est une

(*a*) Voyez de M. Hobbes les Fondemens de la Politique, chap. prem. art. 2. p. 2. de Machiavel, les Decades de Tite-Live, ch. 1. p. 2. de la Mothe le Vayer, les Dialogues; de Montagne, les Essais. Lactance nous rapporte un raisonnement de Carneade, par lequel ce Philosophe prétend combattre la loi naturelle. *Disputationis summa hæc fuit*, dit Lactance, *jura sibi homines pro utilitate sanxisse, scilicet varia pro moribus, & apud eosdem pro temporibus sæpe mutata, jus autem naturale esse nullum, omnes homines ad utilitates suas, natura ducente ferri. Proinde aut nullam esse justitiam, quoniam sibi noceret alienis commodis consulens.* Lact. *de Just. lib. V. cap.* 16. p. 506.

science bien incertaine, & que la nature est pour nous un problême mysterieux, lorsque nous voyons que tous les particuliers sont bien venus à faire des hipotheses, qui sont quelquefois aussi éloignées les unes des autres que le Ciel l'est de la terre. Cela nous donne à penser que la machine de l'Univers fait joüer des ressorts secrets qui nous sont inconnus, & que le souverain Moteur après avoir répandu dans la nature des énigmes propres à piquer notre curiosité, juge qu'il est de l'interêt de l'esprit humain de lui faire admirer les merveilles de la nature, sans lui en découvrir les secrets. Peut-être même que l'Univers étant composé d'un nombre infini de ressorts, & que l'action de chacun de ces ressorts étant liée aux mouvemens de tous les autres, cette connoissance surpasse infiniment les bornes d'un esprit qui est limité.

En même tems que nous admirons l'infatigable constance des Alchimistes à chercher les poudres seminales & des esprits vegetaux, nous jugeons que leur sort est des plus cruels, lorsqu'en les voyant distiler tout leur embonpoint dans des fourneaux, qui vomissent des fumées propres à ébranler les cerveaux les mieux affermis, nous nous appercevons qu'ils cherchent la Pierre Philosophale par des senriers & des routes écartées les unes des autres.

Si nos Medecins étoient plus unanimes dans leurs ordonnances, ils trouveroient moins de resistance dans des malades à qui le bruit de leurs disputes a inspiré un esprit d'indocilité; on ne verroit point tant de rebelles à leurs aphorismes.

Chez toutes les nations, dans tous les siecles, dans toutes les sciences & dans tous les arts, on a toujours regardé la varieté des opinions & des goûts comme le préservatif le plus sûr contre l'humeur décisive.

Les Mathematiques meritent moins de menagemens que les autres sciences; il suffit que Bettinus les ait appellées des *Sciences triomphantes & non militantes*, pour que la critique s'oppose à ce triomphe imaginaire, & qu'elle cherche à nuire à leur repos. On voit qu'il ne lui est pas difficile d'y reussir, puisque les Mathematiciens concourent avec elle à se livrer des combats, où assurement on ne voit pas qu'ils se menagent.

Avant de finir ces reflexions, il est bon de remarquer que les disputes des Mathematiciens ne roulent pas précisement sur des methodes à resoudre les problêmes, ou sur des consequences éloignées des principes, mais sur les principes mêmes; car le systême des indivisibles consideré sous certains points de vûë & manié par certains esprits, peut ébranler les fondemens de la Géometrie.

CINQUIE'ME

CINQUIE'ME PRE'JUGE',

Fondé sur le peu de connoissance que nous avons de l'objet des Mathématiques.

LE vrai caractere d'un Géometre est de s'assurer des fondemens inébranlables. Comme il aime la verité, il ne doit point donner prise à l'erreur; il ne doit suivre que les impressions de l'évidence. Il faut que la lumiere pénetre son objet, & qu'elle lui découvre tout ce qu'il est sous ses divers rapports. La Géométrie doit être enfin à l'épreuve de toutes les batteries du Sceptique. Elle doit rassurer la raison au milieu de ses incertitudes, & lui tracer la voye infaillible de la verité.

Il seroit à craindre qu'il y eût peu de Géometre, on pourroit même hazarder qu'il n'en est point du tout, si pour l'être il étoit nécessaire de combattre & de vaincre les résistances d'une raison que la crainte d'errer rend incertaine.

Les Mathématiques qu'on dit être un flambeau éclatant dans l'empire des Sciences, ne sont pas tout-à-fait exemptes d'obscurité. Je l'ai prouvé par l'aveu même des Géometres; je l'aurai prouvé par des raisons tirées du fond même de la chose, si je fais voir que leur objet nous est entierement inconnu.

Les Mathématiques ont pour objet, ou la grandeur en général, & c'est dès lors ce qu'on appelle Algébre, ou la matiere en tant qu'étenduë, on la nomme pour lors Géométrie; ou les nombres qu'on considere séparément des réalités, dont ils ne sont que de pures dénominations, cela s'appelle Arithmétique. Enfin les Mathématiques ont aussi pour objet le mouvement & le tems. Je ne sçache pas qu'il y ait au monde d'autres grandeurs, & même qu'il puisse y en avoir. Or je prouve par des raisonnemens, qui ne sont pas à la vérité démonstratifs, mais qui ne sont pas aussi des moins concluans & d'un ordre tout-à-fait subalterne, que nous n'avons aucune notion un peu sûre ni de la grandeur en général, ni de la matiere, ni des nombres, ni du mouvement, ni du tems; & par conséquent que les principes les plus généraux des Mathématiques ne peuvent être fondées que sur des idées flotantes & incertaines, puisqu'un objet dont nous ne connoissons point la nature, ne peut servir de base à un raisonnement certain & infaillible.

La grandeur en général eſt un vrai néant, qui n'a de réalité que dans l'empire des chimeres; elle n'a jamais été, elle n'eſt point, ni ne peut être. Bâtir par conſéquent ſur l'idée de la grandeur en général, c'eſt élever un édifice en plein vuide, c'eſt faire perdre conſiſtance au réel de ſon raiſonnement, c'eſt ſe perdre dans des abîmes d'obſcurité.

Si la grandeur en général n'a de réel que ce qu'elle emprunte de notre imagination, je ne penſe pas qu'elle puiſſe être l'objet d'une ſcience auſſi réelle qu'eſt celle des Mathématiques. Le néant ne peut avoir des dimenſions, il n'a point de parties qui ſoient ni continuës, ni ſucceſſives; il n'eſt en un mot que la pure négation d'un être, & ne peut par conſéquent être l'objet d'une ſcience qui diviſe, qui multiplie, qui ajoute & qui ſouſtrait.

L'univerſalité qu'on donne à la grandeur en général ne lui permet pas de quitter le néant où elle eſt enſevelie. Tout ce qu'on appelle Métaphiſicien en conviendroit. La même étenduë ne nous permet pas de l'enviſager; les rayons de notre eſprit ne peuvent ſe terminer qu'à quelque choſe de réel; le néant ne peut point arrêter ſes regards, c'eſt ce qui fait que nous tâchons de revêtir des écorces de la réalité des chimeres qui s'évaporeroient si elles n'y étoient, pour ainsi dire, resserrées. Nous mesurons les espaces du vuide, & nous leur donnons une étenduë ténébreuse.

Puisque la grandeur en général est un néant réalisé par les efforts de notre imagination, devant qui il perd aussi quelquefois tout ce qu'il a de consistance, elle ne peut être ni l'objet des Mathématiques, qui ne considerent qu'une étenduë réelle, ni de notre esprit qui ne sçauroit appercevoir ce qui n'est pas.

Nous ne pouvons concevoir la grandeur en général par l'idée que nous avons des grandeurs particulieres, puisque ce fantôme de grandeur en général n'a aucune affinité avec les grandeurs particulieres, puisqu'elle n'en est pas même l'ombre.

Si la grandeur en général avoit quelques rapports avec les grandeurs particulieres, si elle en étoit un exemplaire, une ébauche même peu parfaite, elle en auroit quelque ressemblance, elle en contiendroit quelques proprietés. L'on pourroit dire, la grandeur en géneral a des parties réelles; elle a les trois dimensions de la matiere, ou ses parties sont successives comme celles du tems, comme celles du mouvement; mais on ne peut point donner toutes ces proprietés à la grandeur en général, puisqu'elle seroit dès lors ou matiere, ou mouvement, ou tems.

S'il y avoit une grandeur en général, elle ne devroit pas avoir plus d'analogie avec la matiere qu'avec le mouvement, qu'avec le tems ou les nombres. Ce qui ne peut être dans le systême de son existence : voici comme je le prouve.

Puisque la grandeur en général est une étenduë, elle a des parties; puisqu'elle a des parties, il faut qu'elles soient ou continuës, ou discretes ou successives. Si les parties de la grandeur en général sont continuës, & qu'elles ne soient ni discretes ni successives, ce qu'on appelle grandeur en général a dès lors des proprietés spécifiques, elle n'a plus aucun rapport avec les nombres; & par conséquent on ne peut plus operer sur la grandeur en général, comme on pourroit le faire sur les nombres, puisque la matiere & les nombres ne se manient pas tout-à-fait de la même sorte.

Si la grandeur en général a des parties qui soient discretes, ou du moins si on les conçoit comme telles, on ne pourra plus operer sur la grandeur en général comme on le fait sur la matiere; & par conséquent les raisonnemens d'Algebre ne sçavoient avoir lieu en Géometrie.

Qu'on imagine tel expédient qu'on voudra, il faudra nécessairement concevoir les parties de la grandeur en général, ou comme discretes, ou comme continués, ou comme successives, puisqu'il faut nécessairement que les parties d'un tout ayent une de ces proprietés.

Voilà donc notre grandeur en général réduite à des proprietés qui la caracterisent, & qui effacent tous les traits de ressemblance qu'elle pouvoit avoir avec les grandeurs du mouvement & des nombres.

Enfin, si la grandeur en général n'est pas un pur néant, qu'on m'assigne donc ce qu'elle peut avoir de réel, & quelles sont les époques de sa création.

Si la grandeur en général est un pur néant, comment peut-elle être l'objet des Mathematiques?

Si on conçoit la grandeur en général avec des proprietés réelles, ces proprietez seront ou celles de la matiere, ou celles des nombres, ou celles du mouvement & du tems; elle ne peut les comprendre toutes, puisqu'elles sont incompatibles; car être permanent ou successif n'est point la même chose; & par conséquent cette grandeur que nous nommons *en général*, ou subsister *en général*, n'est plus qu'une matiere, ou un mouvement, ou des nombres.

Si je demande donc à un Algébriſte quel eſt l'objet de votre ſcience ? il me dira, c'eſt la grandeur en général, c'eſt ſur elle que nous élevons tous nos édifices ; mais ſi je viens à lui faire cette embaraſſante queſtion, votre grandeur en général eſt-elle un être ou un néant ? S'il me répond, c'eſt un être, je lui ferai remarquer que pour ne pas blaſphémer contre le ſouverain domaine du Moteur ſuprême de la nature, il faut avoüer qu'elle a été créée, ce qui ne ſçauroit être ſuppoſé. S'il dit que la grandeur en général n'eſt qu'un néant, je lui répondrai : vous avez grand tort de la diviſer, de la multiplier, comme ſi elle étoit quelque choſe de réel.

Il pourroit m'objecter, que quoiqu'il n'y ait point de matiere, il pourroit pourtant y avoir des Géometres, qui concevroient des lignes, qui les diviſeroient ; ainſi quoiqu'il n'y ait point de matiere en général, il ne laiſſe pas toujours que d'y avoir des Algebriſtes.

La ſolution n'eſt pas bien mal aiſée à trouver : les lignes n'exiſtent pas, mais elles ſont poſſibles. La grandeur en général n'eſt ni exiſtante ni poſſible ; ainſi l'on peut dire que l'objet des Algebriſtes, non seulement n'existe pas, mais même qu'il ne peut exister ; qu'il est composé d'attributs incompatibles ; & par conséquent que notre esprit ne sçauroit s'en former aucune idée. Si cela est, il est à appréhender que l'édifice que les Algebristes ont élevé ne soit point affermi sur des fondemens bien sûrs ; l'on doit craindre qu'ils ne viennent à manquer.

L'on me dira que je combats ici mes propres chimeres : que lorsque les Algebristes admettent la grandeur en général pour leur objet, ils prétendent seulement dire que leurs opérations faites par le moyen des lettres peuvent s'appliquer à toutes sortes de grandeurs particulieres ; qu'elles peuvent avoir lieu en Géométrie & en Arithmétique, & que ne tombant pas plus sur les nombres que sur l'étenduë, c'est ce qui leur a donné occasion de dire que l'Algébre s'exerçoit sur la grandeur en général.

On peut répondre à cela que toutes les opérations d'Algebre ne peuvent avoir lieu en Géometrie : il est assez aisé de le prouver. Les Algebristes approchent à l'infini de la racine de dix-huit : ils vous disent que c'est plus de quatre. En Géométrie on ne peut pas aller au-de-là de quatre. Je suppose pour le démontrer un plan composé de dix-huit indivisibles.

Disposez

Disposez tout comme vous voudrez vos dix-huit indivisibles, vous ne pourrez jamais en faire un quarré, ni aller au-delà de quatre pour trouver la racine quarrée, parce que vous ne pourrez jamais dire quatre indivisibles, plus la $\frac{1}{6}$ d'un indivisible ; par conséquent toutes les conséquences d'Algebre ne sont pas toujours de nature à pouvoir être appliquées en Géométrie. De plus l'Arithmétique ignore les incommensurables ; elle n'en trouve jamais dans son chemin. Les Géometres au contraire en rencontrent à chaque pas qu'ils font. Les nombres ont donc des proprietés que n'a pas l'étenduë; d'où je conclus que les opérations d'Algebre ne peuvent pas être appliquées à la Géométrie toutes les fois qu'elles le sont à l'Arithmétique ; & par consequent que ce n'est plus la grandeur en général qui est l'objet de l'Algebre, mais des grandeurs particulieres & déterminées.

Les Philosophes se sont étrangement divisez sur la nature de l'étenduë. Mrs Gassendi & Bernier ont renouvellé le systême d'Epicure, de Démocrite & de Lucrece. Ils admettent des parties de matiere qui sont étenduës, & plus grandes les unes que les autres. Ils veulent que la parfaite solidité de ces parties les rendent indivisibles, & leur fasse joüir du privilege des infiniment petits ; ils en reconnoissent de toutes les figures : elles sont le principe de tous les corps mixtes, & le premier élement de l'Univers. Ils veulent de plus qu'elles soient indivisibles.

Les Carthesiens ont adopté l'opinion qui avoit le plus prévalu dans les écoles. Ils ont reconnu que la matiere étoit divisible à l'infini, sans que Dieu même avec sa toute-puissance en pût jamais assigner une qui n'en contînt un nombre infini d'autres.

Ceux même qui ont admis cette pensée ont formé une espece de schisme entr'eux. Il y en a qui ont prétendu que toutes les parties de l'étenduë étoient actuellement & en réalité distinguées les unes des autres.

On s'est apperçû que cette opinion conduisoit à une division totale des parties : on l'a éloignée, & on s'est enfin avisé d'un expédient, qui est de ne reconnoître qu'une distinction *en puissance & par pur concept.*

Les Géometres sont survenus dans la querelle ; ils se sont mêlez parmi les gladiateurs, & ont arboré le pavillon des infiniment petits. On leur a rendu de grands honneurs, on les a regardé comme les premieres semences de l'Univers : leur propre gloire les a fait tenir pour suspects, & les Géometres qui avoient été les premiers auteurs de leur élévation, ont été ensuite les instrumens de leur ruïne? ils ont travaillé à leur décadence, & ont établi leur empire dans le monde fantastique de leurs concepts. C'est un empire qui est sujet à bien des révolutions; il est très-rare qu'on puisse y être en sureté.

Les Théologiens ont jugé aussi que la question étoit de leur ressort; ils l'ont examiné selon la voye des Mysteres; ils se sont retranché sous le Canon de la foi, & s'y sentant à l'abri des traits de l'erreur, ils y ont prononcé divers oracles selon les divers mouvemens qui les faisoit agir: les voïci. La matiere est une vraye substance, & l'étenduë n'est qu'un mode, ou bien un accident. La matiere en elle-même n'est point étenduë: la matiere est étenduë par son essence; elle est une même chose avec l'étenduë, mais l'étenduë peut se pénetrer. L'étenduë peut devenir inétenduë: l'étenduë ne peut se pénétrer; mais elle peut se détacher de la matiere, qui n'étant point étenduë peut se pénétrer. Le monde entier peut être réduit à un point imperceptible, & même inétendu. Un point imperceptible & inétendu peut s'étendre & devenir plus gros que le monde entier. Le Corps de JESUS-CHRIST est dans l'Eucharistie avec étenduë, il y est sans étenduë. Un atôme peut être multiplié en cent atômes de même grandeur que lui, qui composent un tout cent fois plus grand que n'est cet atôme, & tout cela ne fait que ce premier atôme. Le même point peut être centre d'un cercle & point de la circonference du même cercle. Le lieu est distingué de l'étenduë. L'étenduë & le lieu ne sont qu'un même. Dieu remplit par son immensité un lieu étendu vuide de toute substance : Dieu n'est point dans le lieu. Dieu comme immense a une étenduë virtuelle ; Dieu n'est pas même étendu virtuellement.

Il n'y a point de sentiment qui n'ait beaucoup d'avantage sur les autres quand il va à l'offensive. Il combat avec des machines ausquelles on ne peut résister ; il captive la raison, il la met dans les fers. Les quatre grands systêmes des atômes Epicuriens, de la divisibilité inépuisable, des étendus infiniment petits, & des points de Zenon, sont quatre grands Colosses également fragiles ; la moindre émotion qu'il y ait dans l'air les agite ; elles se heurtent & se brisent : il se forme de leurs débris un cahos de ténebres où l'esprit est confondu.

Les Epicuriens combattent la division inépuisable par la distinction réelle des parties. Quand même chaque atôme, vous disent-ils, seroit composé d'un nombre infini de parties, comme toutes ces parties sont réellement distinguées, étant actuellement séparables, il faut indispensablement reconnoître des parties qui ne soient plus divisibles.

En effet, la matiere est composée de substances; quand même il y en auroit un nombre infini dans un bloc de marbre, il m'est permis de demander si chacune de ces substances qui composent le bloc est indivisible ou divisible.

Il y auroit un très-grand ridicule à dire, elle est encore divisible, puisque je prends une de ces substances qui est distinguée de toutes les autres qui contribuënt à la composition du bloc. Je ne puis avoir l'idée d'un tout que je n'aye en même tems l'idée des simples qui les composent. La souveraine intelligence qui a fait sortir des abîmes du néant tout ce qu'il y a jamais eu d'êtres dans l'Univers, doit les connoître tous tels qu'ils sont en eux-mêmes; elle connoît tout ce qui a reçu l'existence d'elle : de sorte que les Epicuriens n'ont pas tout-à-fait tort de combattre cette division inépuisable. C'est une grande place qui n'est défenduë que par les irruptions de ses habitans : à la moindre attaque ils en sortent, la livrent à l'ennemi, & vont brûler son Camp. Cela s'appelle vaincre par la mort de celui qui nous a procuré le trépas : on tuë son propre meurtrier : on fait perdre le jour à celui qui nous le ravit.

Les Partisans de la divisibilité inépuisable mettent en pieces les Sectateurs d'Epicure ; ils les conduisent battant lorsqu'ils les trouvent sur la défensive; ils font perdre haleine à leur raison ; ils les convainquent de diallele. L'atôme des Epicuriens n'est pas un infiniment petit; c'est un globe dont la grandeur n'est pas absolument déterminée ; on peut lui donner la figure de triangle. Les Epicuriens ne l'ont pas enfin si subtilisé, qu'il ne puisse bien être perceptible à nos sens : cependant ces atomes sont indivisibles. Voilà ce qui s'appelle un étrange contraste ; voilà ce qui s'appelle raisonner inconséquemment ; puisque l'atôme d'Epicure pourroit être d'une grandeur qu'on appercevroit par la voye des sens, si nous les avions plus délicats & moins grossiers. On conçoit qu'il est composé de plusieurs substances, qu'il n'est point simple en lui-même, qu'il a un centre & une superficie ; & qu'enfin sa parfaite solidité ne mettant aucune indistinction entre les parties qui le composent, le souverain Moteur de l'Univers, dans le systême de la création réïtérée, peut leur communiquer du mouvement, résoudre tout l'atôme en toutes ses parties, & les répandre par tout l'Univers.

Le systême des infiniment petits est dans le fond celui qui semble appuyé sur des principes moins branlans. Rien n'est plus simple ni plus naturel que d'admettre dans une étenduë composée des étendus simples, & qui soient par une suite nécessaire des étendus infiniment petits. Ce systême des infiniment petits est l'écueil de la division inépuisable : c'est là sa pierre d'achopement ; il est le tombeau de toutes ses ressources. Pour peu qu'on ait l'esprit perçant, on s'apperçoit tout d'un coup que ce qu'on appelle premiers élemens de la matiere doit être quelque chose de simple & d'indivisible. Ce systême est cependant en but à des difficultez, il a mille suites qui sont des plus embarassantes, & qui vous jettent dans des labyrintes affreux.

Il est vrai qu'en supposant des étendus infiniment petits, on conçoit qu'ils doivent être simples & indivisibles, par la raison de leur petitesse, qu'on suppose être infinie; cependant quoiqu'infiniment petits, ils sont étendus, ils ont dès lors trois dimensions ; ils sont longs, ils sont larges, ils sont profonds. Voilà un vrai abîme : car s'ils sont longs, ils ne sont plus infiniment petits ; puisqu'il n'y a jamais eu de longueur qui ne fût tout au moins composée de deux points. Dira-t-on qu'ils ne sont point étendus ? Vous voilà enseveli avec Zenon dans des goufres d'obscurité ; vous vous perdez dans la recherche de ces inétendus.

Telles sont les bornes de notre esprit. L'on pourroit dire qu'il n'apperçoit gueres que des corps ; cependant quand il tâche d'en pénétrer la nature, elle lui échappe, & il s'égare dans cette recherche. Peut on blâmer après cela l'indifférence du Sceptique sur des matieres où il y a tant de tenebres répanduës, & qui n'interessent pas notre foi. Le feu qu'on apperçoit dans les Zelateurs est un grand préjugé contre la solidité de leur jugement. Les moins éclairez sont ceux qui apperçoivent le moins de tenebres : peu de lumieres les remplit; un esprit vaste au contraire apperçoit des tenebres au-de-là même de la lumiere.

Puisque le systême des infiniment petits semble le moins mal raisonné, nous pouvons le supposer comme fondé sur des principes dont nous n'avons pas suffisamment reconnu la fausseté, & en déduire des conséquences qu'on caracterisera du titre de conjectures.

Voici en peu de mots à quoi on doit réduire cette question. Le système d'Epicure peche, en ce qu'il suppose des points qui ont des parties, & qu'il prétend qu'elles sont tellement liées les unes avec les autres, qu'elles sont dès lors même inséparables. Le système de la division inépuisable est des plus choquans, en ce que toutes les parties étant réellement distnguées, elles ne doivent plus être considerées comme divisibles. Le système des infiniment petits a aussi ses inconvéniens, puisque ces infiniment petits étant supposez étendus, ils ont une longueur qui doit être tout au moins composée de deux points ; celui enfin des inétendus ne semble pas soutenable : car quelle seroit leur nature, quels rapports analogiques auroient-ils avec l'étenduë. Tout ceci forme un labyrinthe d'où il est bien plus difficile de se démêler que de celui de Crete, où Dedale prétendoit enfermer le Minotaure : jamais Thesée ne pourroit s'en sauver avec le filet d'Ariadne.

Puisque l'étenduë est l'objet de la Géometrie, & que son essence nous est véritablement cachée, on pourroit conclurre de là que toutes les conséquences qu'on tire de l'idée qu'on a des lignes, des cercles, des angles, &c. doivent dans le fond nous paroître un peu suspectes; elles ne peuvent nous convaincre pleinement, puisqu'après avoir répandu beaucoup de lumieres dans l'esprit, elles y laissent une longue suite d'obscurité qu'on ne peut dissiper. Enfin je trouve que le peu de connoissance que nous avons non seulement de la matiere, mais même de l'étenduë considerée comme étenduë laisse de très-grands scrupules dans l'ame d'un homme qui veut éviter l'erreur, & que ce défaut de lumiere peut seul empêcher de suivre les impressions du torrent, quand même il considereroit l'ascendant que nos Géometres ont pris dans la République des Lettres.

Les Géometres pensent que la connoissance de l'étenduë doit peu les interesser. Voici ce que me disoit à cette occasion un grand Mathématicien. Si l'on me demandoit si les côtés de mon triangle sont composez d'atômes Epicuriens, ou d'infiniment petits, je tournerois le dos bien vîte à celui qui me feroit une pareille demande; je le regarderois comme un petit génie.

Ce Mathématicien, avec toute la Géometrie qu'il pouvoit avoir dans la tête, n'en raisonnoit pas mieux pour cela: il n'y a pas là matiere à tourner le dos à un honnête homme ; il parloit trop brusquement en caracterisant du titre humiliant de petit génie, d'esprit subalterne, d'homme peu judicicieux celui qui lui auroit demandé : le globe que vous faites rouler au milieu de vos concepts, a-t-il sa superficie composée d'atômes Epicuriens, ou d'infiniment petits.

Lorsqu'on est obligé de considerer des lignes qui s'approchent toujours, & qui ne se coupent jamais quoique prolongées à l'infini, telles que sont la Conchoïde & la Conchite : il faut bien pour lors de toute nécessité considérer les points dont elles sont composées; car elles ne s'approchent que par des points ; & par conséquent il faut connoître ces points.

Lorsque j'examine les élemens d'un triangle qui diminuënt en même raison que les hauteurs, ne faut-il pas soustraire de chaque élement un point à mesure qu'il s'approche du sommé ? N'en est-il pas de même pour toutes les courbes régulieres, pour la parabole, l'hiperbole & le cercle ?

Il faut de plus remarquer que la question faite sur la nature de l'étenduë n'est pas tout-à-fait si impertinente, au cas qu'on puisse tirer des conséquences différentes des divers systêmes ou de la divisibilité inépuisable, ou des points Epicuriens, ou des infiniment petits. Or il est un fait constant, qu'on ne conclut pas de la même façon, en supposant les côtés d'un triangle divisibles à l'infini comme lorsqu'on les considere composez de tel nombre d'atômes Epicuriens ou d'infiniment petits. Ces nouveaux aspects de lignes forment une nouvelle Géometrie; ainsi quand je demande à un Géometre : comment concevez-vous le côté de votre triangle, comme composé d'un tel nombre d'infiniment petits, ou comme divisible sans fin ? il faut qu'il me réponde : je le conçois comme ceci, & non pas comme cela, & qu'il ne se donne pas les airs de me tourner le dos.

Les Pithagoriciens disent que les principes ou les élemens du monde sont des nombres. Ils prétendent que les choses qui paroissent aux sens en sont composez; que les élemens doivent être simples, & qu'ainsi ils ne sont pas évidens aux sens; ils ajoutent qu'entre les choses obscures, les unes sont corporelles, comme les vapeurs, les molécules; & les autres incorporelles, comme les formes, les idées, & les nombres; que les corps sont composez; qu'ils consistent en longueur, en largeur, en profondeur, & en la vertu de résister, ou aussi en pesanteur; que les élemens ſont non ſeulement obſcurs, mais encore incorporels. Que ſi on conſidere chaque choſe incorporelle, elles ont chacune leur nombre. Que chacune eſt une, ou deux, ou un plus grand nombre ; d'où ils concluent que les élemens de toutes choſes ſont des nombres obſcurs & incorporels, leſquels nombres on peut remarquer en toutes choſes : que ce ne ſont pas ſimplement les nombres qui ſont les élemens des choſes; mais que c'eſt auſſi l'*unité* & le *deux* indefini, qui ſe fait par l'addition de l'unité, par la participation duquel *deux* tous les *deux* particuliers deviennent des *deux* : que de ces principes viennent les autres nombres, que l'on peut obſerver dans les choſes nombrées : que le point par exemple repréſente l'*unité* : que la ligne repréſente le deux, parce qu'on conçoit qu'elle eſt entre deux points : que la ſuperficie repréſente un *trois*, comme étant le flux d'une ligne en largeur vers quelqu'autre marque ſituée de travers, & que ce corps repréſente un quatre, parce qu'il ſe fait par une ſurface qui s'éleve vers un point poſé au-deſſus de cette ſurface.

Voilà, dit Sextus Empiricus, de quelle maniere ils changent en vaines imaginations le corps & tout le monde.

Ils ajoutent que le monde eſt gouverné conformement à de certaines proportions harmoniques ; comme par exemple, ſelon la proportion harmonique, nommée le diateraſſon, qui eſt une proportion ſeſquitiere, comme celle de 8 à 6, ou ſelon la diapente, qui eſt une proportion ſeſquialtere, comme celle de 9 à 6, ou ſelon le diapaſon, qui eſt une proportion double, telle que celle de 12 à 6.

Ce ſont là les rêveries qu'ils ont débité : ils veulent de plus que les nombres ſoient differens des choſes nombrées ; & voici comment ils raiſonnent. Si l'animal eſt *un* en tant qu'animal, la plante n'étant pas un animal, ne ſera pas *une* : or la plante eſt auſſi *une*, donc l'animal eſt *un*, non pas en tant qu'animal, mais eû égard à quelqu'autre choſe que l'on y conſidere, à laquelle chaque être participe, & à cauſe de laquelle cet être devient un. Outre cela, ſi les choſes nombrées ſont le nombre, comme ces choſes nombrées ſont des hommes, & des bœufs, par exemple, & des chevaux ; les hommes, les bœufs & les chevaux ſeront un nombre : ainſi le nombre ſera blanc, noir ou barbu, s'il arrive que ceux qui ſont nombrez ſoient tels, ce qui eſt abſurde : donc le nombre n'eſt pas les choſes nombrées ; mais il y a une ſubſiſtance qui lui est propre, outre celle des choses nombrées, selon laquelle il est considéré dans les choses qui sont nombrées, & il en est un élement. C'est ainsi que Sextus Empiricus explique l'opinion des Pitagoriciens au chapitre dix-huitiéme du troisiéme livre de ses hipothiposes.

Il semble effectivement que le systême des Pitagoriciens n'étoit pas tout-à-fait si mal fondé. Car si l'unité n'est absolument qu'une même entité avec l'homme qu'on dit n'être qu'un, il faudroit que l'idée que nous avons de l'unité fut fondée sur la perception d'un objet simple; car si la notion que nous avons de l'unité n'avoit été puisée que dans la connoissance d'un objet composé, elle ne seroit pas simple.

De plus si la notion de l'atôme ne précedoit point l'idée que nous avons de l'objet qui n'est qu'un. Si elle n'en étoit point indépendante, toutes les fois que nous concevrions l'atôme, nous appercevrions en même tems qu'il n'est qu'un: on éprouve cependant le contraire; on se rappelle qu'un tel criminel est dans les cachots, & on fait abstraction qu'il y soit seul.

Enfin, ou les nombres sont quelque chose de réel, ou ils ne sont rien du tout. S'ils ne sont pas de purs néants, ce sont donc des entités ; voilà des substances, voilà le triomphe des Pitagoriciens. S'ils ne sont rien du tout, l'Arithmetique s'exerce donc sur un pur néant ; car elle fait abstraction des choses nombrées.

L'on dira qu'ils sont les entités même des choses nombrées ; l'Arithmetique aura donc pour objet un bœuf, un homme, un cheval.

La notion que nous avons de l'esprit précede-t-elle la notion que nous avons de l'unité, ou bien connoissons que l'esprit est un être simple par la notion que nous avons de l'unité, ou ne connoissons-nous l'unité que par l'idée que nous avons d'un esprit ou de quelqu'autre objet simple ? Si vous dites que la notion de l'unité precede l'idée que vous avez d'un esprit ou de tout autre objet simple, l'idée de l'unité sera indépendante de celle de l'esprit, & par consequent l'unité sera quelqu'entité réellement distincte des choses nombrées. Si vous dites que la notion de l'esprit précede celle de l'unité, on pourra donc concevoir l'esprit sans l'unité, & un esprit qui ne sera point un être simple.

Direz-vous que vous ne pouvez pas concevoir l'esprit ou tout autre être simple sans concevoir l'unité, que leur idée renferme la perception de l'unité ; celà est

est visiblement faux, vous pouvez concevoir une substance qui pense & faire abstraction qu'elle soit une, que ce soit un être simple. Nous ne pouvons juger de la nature de notre ame que par ses effets, nous ne pouvons être bien assurez de son essence que par l'entremise de ses operations. Nous n'avons point vû notre ame, ainsi pour pouvoir juger si elle est une, c'est-à-dire, si c'est un être parfaitement simple, il faudroit que nous eussions auparavant l'idée de l'unité, afin de confronter avec cette notion ce que nous sentons de notre ame. L'idée de l'unité doit donc préceder la perception que nous avons des êtres simples. Voilà cependant ici un étrange embarras, car si l'idée de l'unité précede la perception des êtres simples, il faut que l'unité soit quelque chose d'indépendant des êtres simples, puisque les objets de nos connoissances doivent être indépendans si nos connoissances le sont. Voici le problême. Avons-nous la notion de l'unité par les perceptions des êtres simples, ou bien connoissons-nous que les objets sont simples par la notion que nous avons de l'unité? Il est certain que ceci ne laisse pas d'être un peu embarassant; cela s'appelle se trouver au centre de la baterie, où on est canoné de toute part.

L'Arithmetique est un vrai talisman qui attire à soi toutes les influences de la foudre, elle mine elle-même sous les fondemens qui la soutiennent; pour se donner plus d'étenduë elle perd consistence, elle s'évapore. Les fractions qui servent de frontispice au grand corps de l'Arithmetique, en ébranle les fondemens & la font succomber.

Nous perdons effectivement dans le systême des fractions le peu d'idées que nous avions de l'unité; car puisque l'unité est indivisible, & même jusqu'à l'infini, ce qu'on appelle unité est donc le resultat d'un nombre infini d'autres unités; c'est donc un nombre infini. Il ne faut donc pas moins d'étenduë d'esprit pour concevoir l'unité que pour concevoir un nombre infini. Nous ne concevons pourtant point le nombre infini, puisque nous ne pouvons déterminer s'il est quarré, s'il est cube, s'il est quarré cube, s'il pair ou impair. Nous n'avons donc point de vrayes notions, non plus de l'unité que du nombre infini, puisqu'ils participent l'un & l'autre à la même nature d'infini. Or puisque nous ne concevons point l'unité, par la même raison nous ne concevons point les nombres qui ne sont composés que d'unités. Un Arithmeticien qui dispose des nombres, ressemble par consequent à un Architecte qui forme le plan d'un grand édifice, sans connoître la qualité des materiaux qu'il doit mettre en œuvre.

Je sçai qu'on admet une grande difference entre l'unité Géometrique & l'unité numerique : L'unité Géometrique, dit M. de Fontenelle, (*a*) est divisible : un degré contient 60. minutes, une minute contient 60 secondes, &c. mais l'unité numerique est indivisible ; car quelque grandeur réelle que je veuille designer, je ne la puis designer par un moindre nombre que par un.

La distinction qu'on reconnoît ici entre l'unité Géometrique & l'unité numerique suppose que l'unité numerique est distinguée du degré, de la minute, de la seconde, de la tierce, &c. ce qui répand de grandes obscurités sur sa nature, & dès lors même il faut convenir que l'unité numerique est quelque entité qui subsiste par elle-même, qu'elle n'appartient à aucun être.

Si vous dites que l'unité numerique convient au Point ou à quelqu'autres êtres simples, vous vous jettez dans des labirinthes d'où vous ne sortirez jamais. Il faudra sçavoir si la notion que vous avez de l'unité numerique a précedé la per-

(*a*) Géom. de l'infini.

ception de l'être simple, ou si la perception de l'être simple a précedé la notion de l'unité numerique. On vous fera voir 1°. que la notion de l'unité numerique n'a point dû préceder la perception de l'être simple ; car dès lors il seroit bien clair que cette unité numerique subsisteroit indépendemment de l'être simple, ce qui jetteroit dans de très-grands embarras. De plus, on ne peut pas dire que la perception de l'être simple ait précedé la notion de l'unité numerique; car nous ne sçavons qu'un objet est simple qu'autant que nous le confrontons avec l'unité numerique. Il semble donc que la perception de l'être simple est posterieure à la notion de l'unité numerique, ce qu'on a prouvé ne pouvoir être. Concluons tout au moins que les notions que nous avons de l'unité numerique ne sont pas des plus claires.

La nature du tems est un vrai tissu d'incompréhensibilités ; les plus dogmatiques conviennent qu'on ne la conçoit point. La varieté des opinions que je vais exposer doit seule nous en convaincre, & suffit pour nous reduire à la Catalepsie.

Les uns disent que le tems est un certain espace , une certaine quantité de mouvemens de la machine du monde ;

d'autres disent qu'il est le monde lui-même. Il y a eu de certains Philosophes qui pensoient que le tems étoit le mouvement du premier mobile; Plutarque attribuë cette opinion à Pitagore. Aristote disoit que le tems est le nombre de ce qui est précedent, & consecutif dans le mouvement. Straton vouloit que le tems fût la mesure du repos & du mouvement. Epicure enseigne que le tems est l'accident des accidens, c'est-à-dire, qu'il vient à la suite des jours, des nuits, & des heures des accidens ou proprietés passives, & non passives du mouvement & du repos. Enesidemus croyoit que le tems étoit d'une substance corporelle, & qu'il ne differoit en nulle sorte de la matiere premiere, d'autres ont jugé à propos de lui donner une nature incorporelle. Tout le monde sçait la pensée de saint Augustin sur la nature du tems.

Les modernes ont moins rafiné sur la nature du tems, il y en a cependant quelques-uns qui se sont avisés de lui faire part de la division inépuisable; d'autres reconnoissent des instants indivisibles.

L'embarras des Philosophes sur la nature du mouvement les agitent avec cruauté : ils voyent des corps se mouvoir, ils se meuvent eux-mêmes, & cependant le mouvement leur est inconnu ; il y a là dequoi faire perdre patience à l'ame la plus stoïque.

La définition la plus triviale du mouvement est de dire qu'il est le transport d'un corps d'un lieu dans un autre. Par *lieu* les uns entendent un *cahos* comme Hesiode, d'autres un vuide, comme Democrite, Epicure, Lucrece, Gassendi, Locke, Huigens, Neuton, Berniere, &c. D'autres disent que c'est l'immensité même de Dieu, comme S. Augustin, Platon, le P. Mallebranche, & d'autres modernes. Selon M. Descartes le lieu n'est pas distingué de la réalité même des corps, chaque corps est son propre lieu ; c'est-là aussi l'opinion de Mrs. Rohault & Regis. Enfin Zenon se trouvant trop importuné par les demandes réiterées que ses Disciples lui faisoient sur la nature du mouvement, s'avisa d'un expedient qui lui réussit. Il osa hazarder qu'il n'y avoit point de mouvement dans le monde, & qu'il ne pouvoit y en avoir : c'étoit une réponse desesperée ; il suivoit la maxime qui est d'un si grand usage dans la Medecine, qu'il faut tout risquer lorsque la mort paroît inévitable.

Les raisons que Zenon produisoit pour établir sa pensée ont je ne sçai quoi d'éblouissant, qui fait gouter à l'esprit des sentimens qu'il voudroit combatre ; ces raisons sont sans réplique dans le systême de la division inépuisable. Parmenides & Mellissius étoient de même sentiment que Zenon.

M. Gassendi a donné toute la force qui lui a été possible, aux experiences & aux raisons qui favorisoient l'opinion d'Epicure touchant le vuide pour démontrer la possibilité du mouvement, je croi que Zenon se fit craindre sur ce chapitre. Un aussi subtil & aussi ardent Dialecticien que lui pouvoit bien broüiller les cartes dans cette matiere-là, & il n'est point du tout vrai-semblable qu'il ait négligé ce topique. Mais s'il avoit sçû ce que disent plusieurs excellens Mathematiciens entre lesquels il suffit de nommer Mrs. Newton & Huigens, il auroit pû faire de grands ravages, & se donner des airs de triomphe. Ils disent qu'il faut de toute necessité qu'il y ait du vuide, & que sans cela les mouvemens des Planetes & ce qui s'ensuit seroient des choses inexplicables & même impossibles.

Nous voilà sans doute bien redevables aux Mathematiques, elles nous démontrent l'existence d'une chose qui est contraire aux notions les plus évidentes que nous ayons dans l'entendement ; car s'il y a quelque nature dont nous connoissons avec évidence les proprietés essentielles, c'est l'étenduë; nous avons une idée claire & distincte, qui nous fait connoître que l'essence de l'étenduë consiste dans les trois dimensions, & que les proprietés ou attributs inséparables de l'étenduë sont la divisiblité, la mobilité & l'impénetrabilité. Si ces idées sont fausses, chimeriques & illusoires, y a-t-il dans notre esprit quelque notion qu'on ne doive pas prendre pour un vain phantôme ou pour un sujet de défiance? Les démonstrations qui prouvent qu'il y a du vuide, peuvent-elles nous rassurer? Sont-elles plus évidentes que l'idée qui nous montre qu'un pied d'étenduë peut changer de place, & ne peut point être dans le même lieu qu'un autre pied d'étenduë? Foüillons tant qu'il nous plaira dans les recoins de notre esprit, nous n'y trouverons nulle idée d'une étenduë immobile, indivisible & impénetrable; il faudroit cependant s'il y avoit du vuide, qu'il existât une étenduë qui eût ces trois attributs essentiellement.

Voilà le raisonnement qu'auroit pû faire Zenon. Mrs. Newton & Huigens démontrent qu'il ne peut y avoir du mouvement s'il n'y a un vuide: or le vuide n'est pas possible puisqu'il est absurde au suprême degré de supposer que des étendus ľus se puissent pénetrer. Que le vuide soit étendu, tous ceux qui l'admettent en conviennent, puisqu'on tombe d'accord qu'un Globe de quatre pieds de diametre ne pourroit pas être contenu dans l'interieur d'une bouteille ordinaire où il n'y auroit que du vuide. Il faut donc pour quatre pieds de matiere quatre pieds de vuide; donc le vuide est étendu; donc le mouvement est impossible.

Les proprietés du mouvement nous en rendent la nature encore plus cachée. nous voyons des corps se mouvoir avec des velocités inégales, quelle est la cause de cette inégalité? En quoi consiste-t-elle? Comme suivant l'opinion la plus reçûë des Philosophes modernes, le mouvement est l'application du corps aux parties de son espace, pourquoi est-ce que pendant le même espace de tems que la partie d'un corps est appliquée à quatre parties de son espace, la partie d'un autre corps n'est pendant ce même tems appliquée qu'à deux parties du sien? Les tems sont égaux, les parties qui sont appliqués sont de même grandeur; les parties de l'espace ne different point entr'elles. D'où vient donc que les mouvemens seront inégaux? Les deux corps se mouvent sans relâche; on ne peut pas dire qu'il y ait un seul instant où ils soient en repos, ou s'il arrivoit qu'il y eût quelqu'interruption dans leur mouvement, cette interruption seroit la même dans les deux corps qu'on suppose se mouvoir avec de velocités inégales; il s'agit, par exemple, de l'extremité du rayon d'une roüe & de la partie qui est la plus proche du centre. Quand la partie proche le centre se repose, l'extremité du rayon cesse au même instant de se mouvoir. J'ai connu de très-bons Philosophes, & même de profonds Mathematiciens, qui ont reconnu la difficulté bonne; j'en ai connu d'autres qui m'ont parû plus dédaigneux, qui l'ont traité de petite chicane.

Je croi qu'on pourroit resoudre le problême en employant les suppositions suivantes.

Je suppose, 1°. que le mouvement n'est que la création d'un corps appliqué successivement à differentes parties de l'espace; par espace j'entens indifferemment les corps circonvoisins.

2°. Je suppose que pour le mouvement il ne soit point necessaire que chaque partie du corps qui se meut soit appliquée à toutes les parties de l'espace parcouru, quoique le total du corps qui se meut soit appliqué au total de l'espace parcouru. Pour parler avec plus de clarté & d'une maniere moins ambigué, au lieu du mot de *parties* je me servirai de celui d'*infiniment petits.* Cette supposition n'est fondée sur aucune impossibilité, je le prouve.

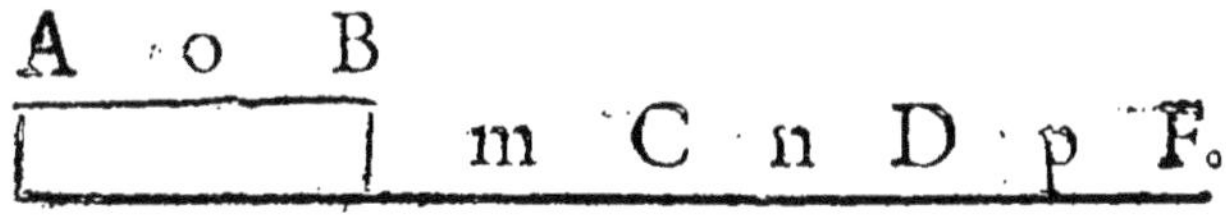

A o B

m C n D p F.

Je suppose l'espace A B C D F, je suppose de plus le corps A B, disposé de telle sorte que l'extremité A du corps A B soit appliqué sur l'extremité A de l'espace A B C D F, & l'extremité B du même corps A B sur le point B de l'espace A B C D F; les choses étant ainsi, dites-moi, je vous prie, s'il y a la moindre impossibilité que l'extremité B du corps A B soit créée appliquée au point C de l'espace A B C D F, sans être appliquée à tous les points ou infiniment petits qui sont entre B C; de même l'extremité A du corps A B sera créée appliquée au point B de l'espace A B C D F, sans être créée appliquée à tous les infiniment petits qui sont entre A & B.

Dans le second moment le point B du corps A B qui étoit au point C de l'espace A B C D F, sera transferé en D & ensuite en F sans être appliqué à tous les infiniment petits qui sont entre C D & D F.

Il sera pour lors vrai de dire, selon cette supposition, que le total de l'espace parcouru aura été touché par le total du corps A B, puisqu'il n'y aura eu aucun infiniment petit dans tout cet espace, ausquels n'ayent été appliqués quelques infiniment petits du corps parcourant A B; car quoique l'infiniment petit B du corps A B ait été créée en C de l'espace A B C D F, sans avoir été appliqué aux points ou infiniment petits qui sont compris entre A C, comme il y a d'autres infiniment petits entre les extremités A & B du corps A B, ces infiniment petits seront appliqués aux points qui sont compris entre B & C de l'espace A B C D F. Il faut de plus observer que comme l'extremité B du corps A B n'a été appliquée qu'à quatre infiniment petits de l'espace A B C D F, sçavoir, à B, à C, D & F, il s'ensuivra que chaqu'infiniment petit compris entre les extremités du corps B C ne sera appliqué qu'à quatre parties ou infiniment petits de l'espace A B C D F.

A o B
m C n D p F.

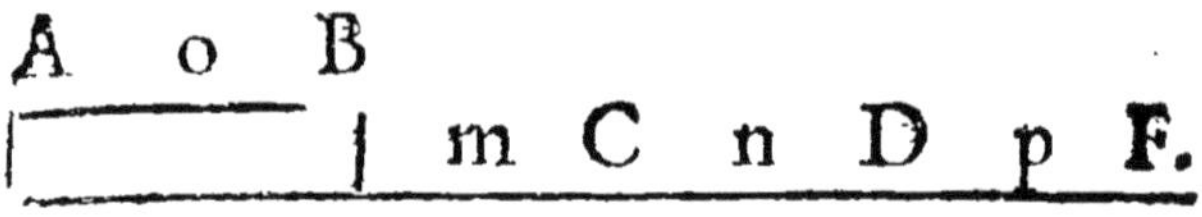

Par exemple, l'infiniment petit o que nous supposons être le point milieu de la ligne A B ne ſera appliqué qu'à quatre points ou infiniment petits de l'eſpace A B C D F, ſçavoir, aux points o m n p.

Comme on ſuppoſe que la longueur de l'eſpace eſt quadruple de la longueur du Corps A B, chaqu'infiniment petit de la longueur du corps A B étant appliqué à quatre infiniment petits de l'eſpace A B C D F, il eſt viſible que le total de l'eſpace A B C D F aura été touché par le total du corps A B, c'eſt-à-dire, qu'il n'y a aucun infiniment petit dans le corps qui eſt en mouvement qui n'ait touché quatre infiniment petits de l'eſpace.

Pour concevoir à preſent comment il ſe peut faire qu'il y ait de l'inégalité dans les velocités des deux corps, je fais ces deux ſuppoſitions.

A B
C D F

Selon la premiere ſuppoſition le corps doit ſe mouvoir de cette ſorte. L'extremité B du corps A B eſt créée en C, enſuite en D, enſuite en F, ſans avoir été créée appliquée à tous les infiniment petits compris entre B & C, entre C & D, entre D & F, pour lors comme il n'y a que quatre applications de chaque infiniment petit du corps A B aux infiniment petits de l'espace A B C D F, il ne faudra au corps A B que quatre instans indivisibles pour parcourir tout son espace.

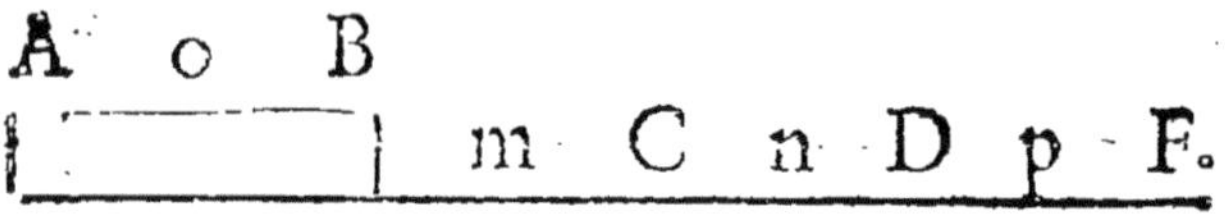

A o B
| | m C n D p F.

Suivant la seconde supposition l'extremité A du Corps A B avoit été premierement créée en o de l'espace A B C D F, après cela en B; ensuite en m, en C, en n, en D, en p, & en F, sans avoir été créée appliquée à tous les infiniment petits compris entre o & B, entre B & m, entre m & C, entre C & n, entre n & D, entre D & p, entre p & F.

Dans cette supposition l'extremité B du corps A B aura été appliquée à huit infiniment petits de l'espace A B C D F.

A o B
| | m C n D p F.

Par consequent comme il y aura huit applications de la part de l'extremité B, le corps A B aura employé huit instans à parcourir son espace A B C D F, c'est-à-dire, que chaque infiniment petit du corps A B aura touché ou été appliqué à huit infiniment petits de l'Espace A B C D F.

Le corps A B n'avoit cependant employé que quatre instans, selon la premiere supposition, pour parcourir un espace de même grandeur : Voilà donc selon ces deux suppositions des velocités inégales.

Comme l'on peut supposer qu'il n'y a pas de grandeur en étenduë qui ne puisse être divisée à l'infini, même dans le systême des infiniment petits, l'on voit que l'intervale qu'il y a entre les points d'application, pourra ou croître à l'infini par l'addition infiniment réiterée d'un infiniment petit, ou diminuer à l'infini. Le mouvement sera infiniment petit, lorsque chaque infiniment petit du corps qui se meut, (c'est-à-dire, les infiniment petits de sa longueur) sera appliquée à tous les infiniment petits de l'espace parcouru, parce que pour lors il n'y aura aucun intervalle entre les points d'application.

L'on peut par la même voye rendre raison de l'inégalité des mouvemens qui se trouvent entre les points du même rayon. Supposons pour un moment que la circonference décrite par l'extremité du rayon soit dix fois plus grande que la circonference qui eſt décrite par le point milieu du rayon ; comme les tems ſont égaux & que les eſpaces décrits ſont comme dix à un, il faut que la volocité de l'un ſoit décuple de l'autre ou dix fois plus grande ; en voici la raiſon.

Nous devons conſiderer l'extremité du rayon, comme le corps A B, tous les infiniment petits qui compoſent cette extremité ne ſont pas appliqués à tous les infiniment petits de la circonference qu'il a décrit. Il y a un intervalle entre les points d'application, comme il eſt facile de l'appercevoir, & même de ſe l'imaginer après tout ce que nous avons dit. Ainſi puiſqu'on ſuppoſe que la circonference décrite par l'extremité du rayon eſt de dix fois plus grande que la circonference qui eſt décrite par le point milieu du rayon ; il faut que les intervales entre les points d'application de la circonference décrite par l'extremité du rayon ſoient dix fois plus grands que ceux qui ſe trouvent entre les points d'application de la circonference décrite par le point milieu du rayon, ce qui ſuffit pour faire concevoir que l'une de ces circonferences doit être dix fois plus grande que l'autre, quoique décrites l'une & l'autre en même-tems. Voilà quelles étoient mes conjectures. Mais ceci n'eſt point encore à l'abri de toute obſcurité ; car dans ce ſyſtême un infiment petit devroit neceſſairement ſe mouvoir avec une velocité infiment petite. Il s'enſuivroit même que ſi le rayon de la roüe n'étoit composée que d'infiniment petits, l'extremité ne devroit pas ſe mouvoir plus vîte que le point le plus proche du centre, &c.

Enfin comme tout ceci ne ſont que des conjectures fort minces & fort peu appuyées ; nous devons tenir par un principe fort averé que nous ne connoiſſons point la nature ni les proprietés du mouvement.

Où eſt donc ce fondement inébranlable des Mathematiques ? où eſt donc cette lumiere vive qui diſſipe tous nos doutes en confondant le Sceptiſme ? Pouvons-nous raiſonner avec évidence ſur une matiere qui nous eſt obſcure ? Pouvons-nous élever un édifice avec des materiaux que nous ne connoiſſons pas ? C'eſt vouloir puiſer la clarté au milieu des tenebres ; c'eſt affermir un point au milieu d'un grand fluide.

Tout ce qu'on appelle objet des Mathematiques eſt enveloppé de tenebres extrêmement épaiſſes ; nous n'y voyons rien qui ne ſoit muable & branlant. Nous ne pouvons donc pas nous ſervir des notions peu sûres que nous avons de l'objet des Mathematiques pour en déduire des consequences certaines & infaillibles.

Selon les regles de la bonne Dialectique, on doit mieux raisonner qu'on ne fait ici. Les idées qu'on a de l'objet des sciences en sont le vrai fondement. Si les Metaphisiciens n'avoient pas des notions justes sur la nature de Dieu, qui est leur principal objet, ce qu'ils diroient sur la providence seroit informe & défectueux. La morale seroit arbitraire ; on ne connoîtroit point quelles seroient les dispositions de ce Dieu, s'il méprise le culte des hommes, s'il l'exige, s'il rit des foiblesses humaines, ou s'il les regarde avec yeux de severité & de couroux. S'il nous a fait avec la liberté d'agir, ou bien si nous n'agissons que par des impulsions mechaniques, tous ces doutes seroient solidement fondés sur l'incomprehensibilité de la nature de cet Etre suprême.

On reproche perpetuellement aux Metaphisiciens qu'ils se forment des chimeres, on les inquiete sur leurs idées abstruses, on les harcelle de toute part par mille traits de raillerie, on les accuse de penser temerairement & avec incertitude ; ils pourroient cependant en justice reclamer contre les insultes qu'ils reroivent des Géometres, ils pourroient saisir leurs armes & les détruire par leur propre fer, en perissant avec eux d'un même genre de mort; ils pouroient les contraindre jusqu'au retranchement des profondeurs, & s'y confondre ensemble par les impulsions d'une même destinée. (*a*)

Puisque notre esprit se perd dans le peu d'idées qu'il a de la grandeur, nous devons appréhender que dans l'enchaînement de tant de consequences qui paroissent si étroitement liées, il ne s'y soit glissé quelque erreur fondamentale.

Si la substance qui pense en nous, & qui n'est point differente de nous même, ne connoît ni sa nature, ni son origine sans le secours de la révelation. Est-il croyable qu'elle connoîtra mieux par ses propres lumieres la nature de l'étenduë; connoissance au reste peu interressante pour les fins que nous devons nous proposer. Il est pourtant constant que par les seules lumieres naturelles & sans les secours de la revelation, nous ne pouvons point découvrir ni ce que nous sommes, ni d'où nons sommes venus. *Nobiscum semper est ipsa quam quærimus, adest, tractat, loquitur, & si fas est inter ista nescitur. Cassiod. de anima.*

(*a*) *Alta profunditas quis inveniet eam.* Eccl. cap. 7.

Je vais prouver par une histoire abregée des opinions qu'on a euë sur l'ame, que sa nature & son origine nous est inconnuë lorsque nous ne la cherchons qu'avec le flambeau de la raison, & dès lors je croirai avoir prouvé que la nature de l'étenduë nous est inconnuë ; car il est très-vrai semblable que si Dieu avoit voulu satisfaire la raison humaine par quelques lumieres non suspectes, c'eût été, selon les apparences, par la connoissance qu'il nous auroit données de nous-mêmes.

Platon dans son Phedon distingue manifestement l'ame de ce qui est corps. Ses Disciples ont toujours reconnu la spiritualité de l'ame. *Xenocrate* la définissoit, *mens nullo corpore*.

Ammonius & *Numenius* composerent plusieurs volumes pour combattre ceux qui prétendoient que l'ame n'étoit pas distinguée du corps.

Proclus prouve par les proprietés de l'ame qu'elle ne peut pas être corporelle.

Aristote expose son sentiment dans le premier chap. du livre de l'Ame ; il prétend qu'elle n'est point un corps. *Quoniam autem corpus est tale, vitam enim habet ; certè corpus non potest esse anima ; quia, corpus non est in eorum quæ de subjecto ; sed potius ut subjectum & materia.*

L'Auteur du livre qui a pour titre *De secretiore parte divinæ sapientiæ secundùm Egiptios*, étoit très-persuadé de la spiritualité de nos ames.

Le cinique *Sallustius* suppose par tout que l'ame est distinguée du corps.

Ciceron dit, *nec vero Deus ipse qui intelligitur à nobis, alio modo intelligi potest, nisi mens soluta quædam & libera, segregata ab omni concretione mortali, omnia sentiens & movens... Atque eadem natura est humana mens.... In animi autem cognitione, dubitare non possumus nisi in Phisicis plane plombei sumus quin nihil sit animis admixtum, nihil concretum, nihil copultum, nihil coagmentatum, nihil duplex. Quod cum ita sit, certè nec secerui, nec dividi, nec discrepi, nec distrahi potest, nec interire igitur.*

Ceux qui ont cru l'ame corporelle sont en plus grand nombre.

Pitagore croyoit que l'ame étoit un détachement de l'air. *Ariste* attribuë ce sentiment à plusieurs Pitagoriciens, lorsqu'il dit, *quidam enim eorum dicebant animam esse ramenta illa quæ sunt in aëre.*

Empedocles pensoit que nos ames étoient composées de tous les élemens. Ciceron attribuë à ce Philosophe un sentiment different de celui-ci. *Empedocles autem*, dit-il, *animam esse censet cordi suffusum sanguinem.*

Democrite, *Leucippe*, *Parmenide*, *Hippase*, *Hipparque* soutenoient qu'elle étoit de feu.

» Heraclite, dit *Plutarque*, croit que » l'ame du monde est l'évaporation des » humeurs qui sont en lui, & que l'ame » des animaux procede tant de l'évapora- » tion des humeurs de dehors que du de- » dans, & de même genre. (*a*)

Macrobe prétend qu'Heraclite pensoit que nos ames n'étoient que des détachemens ou des émanations de la substance des Etoiles. Voilà ce qu'il dit : *Heraclitus Phisicus dixit animam scintillam stellaris essentiæ*. Macrob. in somn. scip lib. cxiv.

Epicharme croyoit que nos ames avoient été détachées du Soleil, *itaque Epicharmus de mente humana dicit, istic est de sole sumptus ignis*, dit Varron dans le quatriéme livre *De ligna sabina*.

» Epicure, dit *Plutarque*, croit que » l'ame est un mélange & temperature de » quatre choses, de je ne sçai quoi de feu, » ne sçai quoi d'air, ne sçai quoi de vent, » & d'un autre quatriéme qui n'a point » de nom & qui est à lui force sensitive.

Heraclite Ponticus assuroit que l'ame étoit une lumiere.

Anaxagore, *Anaximenes*, *Archelaus*,

(*a*) Traduction d'Amiot.

Diogene, *Appoloniate*, *Anaximandre*, *Ænesimedre*, convenoient unanimement que l'ame étoit un esprit fort subtil.

Hippon vouloit qu'elle fût eau.

Xenophane la composoit d'eau & de terre, *Parmenide* au contraire croyoit qu'elle n'étoit que feu & terre; mais *Boece* prétendoit qu'elle étoit d'air & de feu.

Critias, au rapport de Macrobe, pensoit que l'ame n'étoit que sang, *spiritum tenuem per omne corpus dispersum.* Macrob. lib. II. sect. II. p. 37.

Cristolaus peripateticus, dit *Macrobe* dans le même endroit que nous venons de citer, *constare eam de quinta essentia putabat.*

Philolaus, *Dinarque*, *Clearque*, & *Aristoxene* convenoit qu'elle étoit une harmonie.

Le Medecin *Soranus* qui vivoit du tems des Empereurs Trajan & Adrien, composa quatre livres sur l'ame à dessein de démontrer qu'elle étoit corporelle. C'est ce que nous apprend *Tertulien* dans son Traité de l'Ame, chap. VI. p. 268. *Ita etiam ipse Soranus plenissimè super anima commentatus, quatuor voluminibus, & cum omnibus Philosophorum sententiis expertus, corporalem animæ substantiam vindicat, etsi illam immortalitate fraudavit.*

Varron dit que la nature de l'ame ne differe point de la nature du feu, *animalium semen ignis, qui anima & mens*; & ailleurs, *innumerabiles & immortales ignes*.

Virgile croyoit que l'ame étoit un corps fort délié.

Ter conatus ibi collo dare brachia circum,
Ter frustra compensa manus effugit imago,
Par levibus ventis, volucrique similia sumno.

Lucrece pensoit là-dessus comme Virgile.

Corpoream naturam animi necesse est
Corporeis quoniam telis ictuque laborat

Les Chinois sont si persuadés de la ressemblance du corps & de l'ame que lorsque l'Empereur des Tartares voulut les forcer à se raser les cheveux selon la coutume de ses Sujets, plusieurs aimerent mieux souffrir la mort que d'aller, disoient-ils, en l'autre monde paroître sans cheveux devant leurs ancêtres.

Il ne faut pas être surpris si quelques Peres de l'Eglise n'avoient pas des idées tout-à-fait justes sur l'indivisibilité & la spiritualité de nos ames. L'Eglise n'avoit pas encore de leur tems éclairci cette matiere. Les opinions étoient pour lors libres

libres ; l'eſtime que nous devons faire de leur ſainteté doit nous porter à croire qu'ils auroient eu d'autres ſentimens ſi la queſtion de l'ame avoit été décidée de leur tems comme elle l'eſt maintenant.

Saint *Irenée* dit que l'ame eſt un ſoufle, *flatus eſt enim vitæ.* Iren. lib. V. c. VII. Qu'elle eſt incorporelle ſi on la compare avec les corps groſſiers & maſſifs, *Sed incorporales animæ quantum ad corporationem mortalium corporum.* Iren. lib. II. ch. XXXIV.

Tertulien dit, *animam nihil eſſe ſi corpus non ſit, cum autem ſit, habeat aliquid neceſſe eſt, per quod eſt. Si aliquid habet per quod eſt, hoc erit corpus ejus ; omne quod eſt, corpus eſt ſui generis, nihil eſt incorporale, niſi quod non eſt.*

Tatien aſſure qu'il y a pluſieurs parties dans l'ame & qu'elle eſt corporelle. *Atqui hominum anima non eſt ſimplex, ſed ex multis partibus conſtat. Componitur enim ut maniſeſtè apparet ex corpore.* Tat. orat. adv. grecoſ. p. 153.

Voici ce que S. *Hilaire* dit de l'ame : *Nihil eſt quod non ſit in ſubſtantia ſua, & creatione corporeum, & omnium ſive in cœlo ſive in terra, ſive viſibilium, ſive inviſibilium elementa formata ſunt ; nam & animarum ſpecies, ſive obtinentium corpora, ſive corporibus exulantium ; corpoream tamen naturæ suæ substantiam sortiuntur.* S. Hilar. in Math. p. 633.

Nos autem, dit S. Ambroise, *nihil materialis, compositionis vel immune atque alienum putamus, præter illam solam venerandæ Trinitatis substantiam quæ verè pura ac simplex, sinceræ impermixtæque naturæ est.*

Cassien dit : *licet enim pronunciemus nonnullas esse spiritales naturas, ut sunt Angeli, Archangeli, cœteraque virtutes, ipsa quoque anima nostra, vel certè per se subtilis, tamen incorporea nullatenus æstimandæ sunt ; habent enim secundum se corpus quo subsistunt, licet multo tenuius quam nos. Nam sunt corpora secundum Apostoli sententiam ita dicentis,* & corpora cœlestia terrestria, & iterum seminatur corpus animale exurgit corpus spiritale *quibus manifestè colligitur nihil esse incorporeum nisi solum Deum.* Cassii coll. VII. cap. XIII. p. 439.

C'est là la pensée de *Gennadius* : *Nihil incorporeum & invisibile natura credendum nisi solum Deum, id est Patrem, & Filium & Spiritum sanctum, qui ex eo incorporeus creditur, quia ubique est, & omnia implet, atque constringit, & ideo invisibilis omnibus creaturis, quia incorporeus est.* Gennad. de ecc. dogm. c. XI. in S. Aug. tom. VIII. p. 77.

M. Descartes pour démontrer la spiritualité de l'ame dit : » Dieu peut créer » les choses telles que nous les concevons; » mais nous concevons clairement l'es- » prit, c'est-à-dire, une substance qui » pense sans le corps, sans une substance » étenduë, donc, &c. « (*a*)

M. *Nicole* dit : » Une preuve que no- » tre ame est une substance parfaitement » simple, c'est qu'il y a quelque chose qui » dit en nous, je pense, & cette chose » n'est qu'une. «

Le Pere Mallebranche reconnoît, » qu'encore que nous n'ayons pas une » entiere connoissance de notre ame, cel- » le que nous avons par conscience suf- » fit pour en démontrer l'immortalité, » la spiritualité & la liberté, &c. « (*b*)

M. Bayle se fonde sur une autre preu- ve, & dit : » Si l'on prend garde que le » monde est sujet à certaines loix de me- » chanique qui s'observent reguliere- » ment, & qui nous paroissent très-con- » formes à l'idée que nous avons de l'or- » dre, on conclura necessairement qu'il » y a dans l'homme un principe qui n'est » pas corporel ; car si l'homme n'étoit » que corps il seroit necessairement sou- » mis à cette sage & reguliere mechani- » que qui regne dans tout l'Univers, &

(*a*) Descartes, Medit.
(*b*) Recherches de la verité.

» il n'agiroit pas d'une maniere si con-» traire à l'idée que nous avons de l'or-» dre. « *Bayle*, *Pensées div. tom.* 2. *p.* 326.

M. *Locke* a attribué à la matiere le pouvoir de penser, en disant : » Nous avons » des idées d'un Quarré & d'un Cercle & » de ce qu'en porte égalité ; cependant » nous ne serons peut-être jamais capa-» bles de trouver un Cercle égal à un » Quarré, & de sçavoir certainement s'il » y en a. Nous avons des idées de la ma-» tiere & de la pensée, mais peut-être ne » serons-nous jamais capables de con-» noître si un être purement materiel » pense ou non, &c. « (*a*)

M. *Stilingeflet*, Prélat de l'Eglise Anglicane, proposa la reflexion suivante contre M. Locke. » La connoissance étant » fondée, selon M. Locke, sur nos idées, » & l'idée que nous avons de la matiere » en général étant d'une substance solide » & figurée, dire que la matiere est ca-» pable de penser c'est confondre l'idée » de matiere avec l'idée d'esprit. «

M. *Hobbes* ne reconnoît aucun principe indivisible dans l'homme : *Ratiocinari quid est nisi rebus imponere nomina, nomina connectere in dicta, & dicta conjongere in sillogismos. Quomodo erat in Para-*

(*a*) Essais de l'entendement.

diſo Adam ante nomina ab ipſo impoſita, rationalis non magis quam cætera animalia, niſi potentia tantum. Non videntur ergo homines ſubſtantialiter diſtingui à brutis. Hobb. in append. ad Leviatham.

Voici la penſée de *Spinoſa* ſur la nature de l'ame. *Revocandum nobis in memoriam eſt id quod ſupra oſtendimus, nempe quod quidquid ab infinito intellectu percipi poteſt tanquam ſubſtantiæ eſſentiam conſtituens, id omne ad unicam tantum ſubſtantiam pertinet, & conſequenter quod* ſubſtantia cogitans, *& ſubſtantia extenſa una eademque eſt ſubſtantia, quæ jam ſub illo attributo comprehenditur.* Oper. poſth. ethices pars 2.

M. *Gaſſendi* s'adreſſe à M. Deſcartes & lui parle de la maniere ſuivante. » Dites-» moi, ô ame, ou qui que vous ſoyez, » avez-vous juſqu'ici corrigé cette pen-» ſée par laquelle vous vous imaginez être » quelque choſe de ſemblable au vent, » ou quelqu'autre corps de cette nature, » infus & répandu dans toutes les parties » de votre corps? Certes vous ne l'avez » pas fait, pourquoi donc ne pourriez-» vous point être encore un vent, ou plû-» tôt un eſprit fort ſubtil & fort délié » excité par la chaleur du cœur & formé » du plus pur de votre ſang, qui étant » répandu dans tous les membres, leur

» donniez la vie, voyez avec l'œil, oiyez » avec l'oreille, pensez avec le cerveau. (*a*)
» Nous ne concevions point autrefois, » dit M. *Arnauld* en parlant à M. Descartes, que l'hipotenuse fut égale aux » Quarrés bâtis sur les côtés, donc nous » avions autant de droit de dire, la matiere » ne sçauroit recevoir cette proprieté que » nous en avons en disant; nous ne con- » cevons pas que la pensée soit contenuë » dans la matiere. « (*b*)

Si nous n'avions pas les lumieres de la foi pour nous guider, nous pourrions dire avec Ciceron, *harum sententiarum quæ vera sit aliquis Deus viderit.*

Par les seules lumieres de la raison, il seroit assez difficile de découvrir l'origine de nos ames.

Saint *Augustin* pensoit que l'ame d'Adam étoit la tige de celles de tous les hommes. *Per illius inobedientiam (Adami) peccatores constituti sunt (homines) si tantum secundùm carnem in illo, non etiam secundùm animam fuerunt, cavendum est enim ne Deus videatur author esse peccati, si dat animam carni in qua eum peccare necesse est.* Aug. lib. de Genes.

Il ajoute au même endroit : *Ætas*

(*a*) Gassendi, objections contre Descartes, voyez ses Medit.

(*b*) *Ibidem.*

quippe illa (en parlant du moment de la naissance) *innocentissima est, si ex Adam propagata non est : unde quomodo possit ire in condemnationem si de corpore sine Baptismo exierit, quisquis istam sententiam de anima tenens potuerit demonstrare, mirandus est.*

Saint Augustin a toujours été dans la même opinion & ne l'a point retractée, ce qui paroît par le passage du P. Alexandre que je vais citer. *In eam magis sententiam propendebat sanctus Augustinus, quæ animas fieri ex traduce propugnabat, id est ex anima Adami propagari, quia hac in hipothesi faciliùs intelligi poterat peccati originalis transfusio. Alteram verò quæ animas singulis novas creari afferebat, conciliare non posse cum fide originalis peccati, ingenuè fatebatur. Suam tamen circa hanc difficultatem quæ ex scriptura Sacra aut traditione dirimi non poterat sententiam suspendit, nihil referre dicens quænam opinionum illarum eligeretur, modo peccati originalis crederetur propagatio, nec in Deum refunderetur autorem.* Hist. Eccles. sæc. v. diss. xxi. p. 300.

Le Cardinal Noris est encore plus formel que le P. Alexandre. *Data illa sententia (qua animæ nostræ non educantur ex traduce) adeo premuntur scholastici, ut in assignando modo quo labes illa per genera-*

tionem trahatur minimè inter se conveniant, sed sese invicem acerrime oppugnent. Suspenderet igitur etiam nunc assensum Augustinus. *Noris, vindiciæ Augustinianæ, Paragr.* 3.

Tertulien disoit de l'ame : *Anima velut surculus quidam ex matrice Adam in propaginem deducta & genitalibus feminæ foveis commendata pullulabit tam intellectu quam & sensu.* Tert. de anim. ch. XIX. & au ch. XXVII. p. 285. *Igitur ex uno* homine tota hæc animarum redundatia agitur.

Le Martyr *Pamphile* Apologiste d'Origene dit, *Nunc vero, cum diversitas sit apud omnes Ecclesiasticos, & alii alia de anima sentiant, & omnes diversa, quemodo hic magis quam cæteri incusandus est; maxime cum ea quæ à reliquis affirmantur, multo magis sint & absurda, & sibi ipsius contraria. Quidam enim opinantur, preparatis jam in ventre mulierum, deformatisque corporis, tunc ad presens creari animas & inferi jam de formato corpori. Hæc vero sentientes, præter quam manifestas probationes ex stis scripturis adhibere non possunt, insuper etiam injustitiam quadammodo conditoris accusant, quod non æqualiter, id est, æquas vitæ conversationes omnibus tribuat.* Orig. p. 471.

L'Auteur du Traité de l'Ame qui se trouve

trouve parmi les Ouvrages de S. Gregoire de Nice, traite d'erronée la doctrine qui veut que la création de l'ame ſuive la formation du corps humain. *Quod ſi quis corporis figmentum animam inſitam eſſe exiſtimat, nimirum eam poſt corpus ortam eſſe, à vero aberrat.*

Syneſe écrivoit qu'il n'étoit pas croyable que l'ame ne fût créée qu'après la formation du corps ; cependant malgré cet aveu on l'obligea d'être Evêque de Ptolemaïde.

Rufin paroît irreſolu ſur cette queſtion. *Ego verò cum hæc ſingula legerim, Deo teſte, dico quia uſque ad preſens certi vel deffiniti aliquid de hac queſtione non teneo, ſed Deo relinquo ſcire quid ſit in vero, vel cui ipſe revelare dignabitur ; ego tamen hæc ſingula legiſſe me non nego, & adhuc ignorare confiteor, præter hoc quod manifeſtè tradit Eccleſia, Deum eſſe animarum & corporum conditorem.* S. Hierom. tom. v. p. 260.

Philaſtres dit qu'elles ont été créées immediatement après les Anges : *Ignorantes quod in principio facta à Deo & creata poſt Angelos, eſt appellata à Domino, hocque nomen proprietatis accepit à Deo, ut anima non intellectus vocaretur.* Bibl. Patr. tom. v. part. 1. p. 26.

Saint *Jerome* avoüe que la plûpart des

Occidentaux reconnoissoient la propagation des ames : *Super animæ statu memini vestræ quæstiunculæ, imo maximæ Ecclesiasticæ quæstionis, utrum lapsa de cœlo sit, ut Pitagoras, omnesque Platonici & Origenes putant ; an à propria Dei substantia, ut stoici, Manichæus, & Hispana Pricilliani hæreses suspicantur ; an in thesauro habeantur Dei olim conditæ, ut quidam Ecclesiastici stulta persuasione confidunt, an quotidiè à Deo fiant & mittantur in corpora, secundùm illud quod in Evangelio scriptum est*, Pater meus usque modo operatur & ego operor, *an certè ex traduce ut Tertulianus, Apollinaris, & maxima pars Occidentalium, aut vivant, ut, quomodo corpus ex corpore, sic anima nascatur ex anima.* S. Hier. Epist. ad Marcellinum, tom. IV. 642.

S. Jerôme dit à quelqu'autre part sur cette matiere, *unus quisque in suo sensu abundet.*

Saint *Fulgence* dit sur cette matiere : *Utraque enim pars sic suis assertionibus nititur ut contrariis nihilominus revincatur... Quanto ergo melius ab hujus quæstionis certamine temperamus, in qua nos inaniter laborare cognoscimus, præsertim quia quod à Sanctis viris majoribus nostris videmus minimè definitum, oportet nos tanto cautius atque temperatius quærere, quanto ad ejus finem illos præclaros viros cernimus minimè pervenisse.* Fulg. de verit. præd. lib. III. ch. XVIII. p. 400.

Saint *Gregoire* a suivi la même route: *Sed hac re dulcissima mihi tua charitas sciat quia de origine animæ inter Sanctos Patres requisitio non parva versata est; sed utrum ipsa ab Adam descenderet, an certè singulis detur, incertum remansit. Cumque in hac vita* insolubilem esse fassi sunt quæstionem, *gravis enim est hæc quæstio, nec valet ab homine comprehendi.* Greg. ad secundinum lib. IX. Indic. II. tom II. p. 970.

Saint *Prudence* dit, *Nascitur de carne caro, sed utrum anima similiter de anima nascatur magna quæstio est, & à patribus diu multum discussa, sed absque certa definitione relicta.* Mangenin, de prædest. cap. XVI. tom. I. p. 424.

Isidore de Seville forme ses doutes sur l'origine de l'ame & conclut en disant, *De origine ejus variæ habentur opiniones, veruntamen sine affirmandi presumptione.*

Cassiodore n'étoit pas moderé sur cette question : *Unde pater Augustinus religiosissima devotione laudandus, nihil tinnere dicit esse firmandum, sed in ipsius secreto, sicut & alia multa quæ non potest nosse nostra mediocritas. Hoc autem veraciter fixèque credendum est, & Deum animas creare, & occulta quadam ratione justissimè illis imputare, quod primi hominis peccato teneantur esse obnoxiæ. Melius est enim in tam occultis causis confiteri ignorantiam quam periculosam fortassis assumere audaciam.* Cassiod. de anima, ch. VII. tom. II. p. 633.

Les Evêques d'Afrique exilés en Sardaigne témoignent dans leur Epitre Synodique de l'an 521, que la question de l'origine de l'ame est indecise. *Quæstionem verò animarum aut tacitam debemus relinquere, aut sine contentione tractare sive ex propagine veniant, sive novæ singulis fiant corporibus, quod istarum scripturarum authoritas manifestè non pronunciat, cum cautela debet inquiri maxime, quod sine fidei detrimento potest à fidelibus ignorari.*

Saint *Eucher* Evêque de Lyon traite cette question de problêmatique. *Utrum sicut caro nascentium ex carne sic animo ex animabus procreentur, an novæ semper creentur à Deo ex nihilo, quæ quæstio in definiendo difficilis est, quia nihil ab his viris vel scripturarum autoritate prononciatum est.*

Le Cardinal *Noris*: *Sequitur sextum sæculum in quo & Patres & Synodi de origine animæ cum Augustino dubitarunt. Verum circa sæculum VII. Augustiniana dubitatio longè celebrior atque dignior evasit, eamque enim suo judicio Apostolica sedes ap-*

probavit, suamque fecit ac doctissimi Patres eamdem inter fidei dogmata retulere. *Nec octavo neque nono sæculo res definita est, sed sapientissimi Patres cum Augustino, imo cum Apostolica Sede adhuc dubitabant. Verum non post millesimum annum ita certa erat sententia de creatione, ut plures de eadem non dubitarent.* Noris, vind. Augustinianæ paragr. III. cap. IV.

Hugues de Saint Victor reconnoît que de son tems l'opinion de la préexistence trouvoit encore des Sectateurs : *Et hujusmodi rationibus probabile factum est animas ex traduce non esse sed novas de nihilo creatas novis quotidie corporibus de paterno semine fieri & rursus in vulva formatis ad vivificationem infundi, in quibus tamen omnibus nulla ratio, sive autoritas tantum prævalere potuit, ut dubietatem tolleret quæstionis; excepto eo solo quod fides Catholica magis credendum elegit animas quotidie corporibus vivificandis sociandas, de nihilo fieri, quam secundùm corporis naturam, & carnis humanæ proprietatem de traduce propagari.* Hug. de S. Victor lib. 1. de Sacram. part. 7. cap. 30.

Il y auroit de la temerité à suivre l'opinion de la préexistence, vû qu'elle est universellement abandonnée des Théologiens; cependant il faut bien remarquer que l'Eglise n'a jamais prononcé ouvertement contre le sentiment de S. Augustin, quoiqu'elle ait anathematisé Origene. (*a*) C'est ce qui fait dire à *Æstius* : *Insuper & ratio docet quæstionem hanc fidei non esse, quamvis enim alteram partem velut probabiliorem multi Patres elegerint, quoniam tamen ea nec evidentibus scripturæ testimoniis ostendit, nec certa traditione probare potuit (neque enim Augustinus & Gregorius ; ut cæteros taceam hujusmodi traditio latuisset) nullo Ecclesiæ decreto inter dogmata fidei relata usquam invenitur, uti nec anathemate, damnata diversa.* Æstius, lib. 2. dist. 17.

Silvius dit aussi en parlant de l'opinion opposée de celle de la préexistence : *Si non planè convincant esse fidei quod anima non sit ex traduce, sed per creationem ex nihilo, id tamen probabiliter suadent.* Silv. in S. Thomam, tom. 1. p. 548.

Ceux qui soutenoient la préexistence s'appuyoient sur les passages suivans de l'Ecriture. *Nihil sub sole novum, nec valet quisquam dicere ecce hoc recens est.* Ecc. ch. 1. *Quod factum est permanet ; quæ futura sunt jam fuerunt.* Ecc.

(*a*) Voyez le Traité de Justinien contre les erreurs d'Origene. Lisez aussi le quatriéme Concile de Constantinople. Lisez aussi le Concile de Brague tenu l'an 565.

Semen enim erat maledictum ab initio mundi. Sag. ch. 12.

Puer eram ingeniosus & sortitus sum animam bonam, & cum essem magis bonus veni corpus inquinatum. Sag.

Quod natum est ex spiritu spiritus est. S. Jean.

Et benedixit diei septimo, & sanctificavit illum: quia in illo cessaverat ab omni opere suo. Genes. cap. 2.

Genuit filium ad similitudinem suam. Genes. cap. 2. &c.

J'ai crû que cette compilation de sentimens serviroit à mon dessein, qui est de rendre suspectes les notions que nous avons de la matiere.

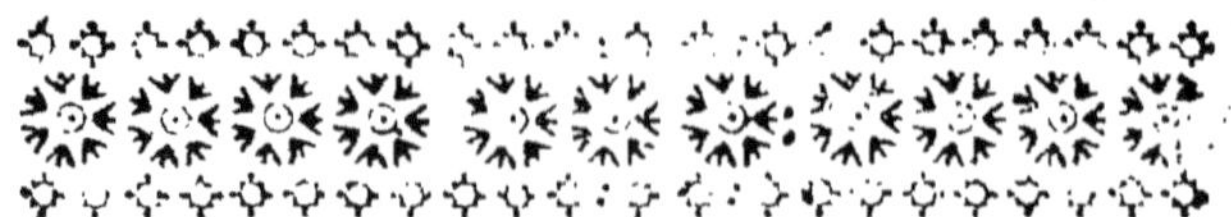

SIXIE'ME PRE'JUGE',

Fondé sur quelques propositions fondamentales qui semblent devoir laisser des doutes dans le Systême des indivisibles.

JE vais citer ici M. Bayle, afin qu'on sçache qu'il y a eû de grands Hommes qui se sont amusé à ce qu'on appelle d'ordinaire *Chicanes* contre les Mathématiques. » Ma derniere difficulté, dit-il, en parlant contre les points indivisibles, (*a*) » est fondée sur les démon» strations géometriques que l'on étale si » subtilement pour prouver que la ma» tiere est divisible à l'infini : je soutiens » qu'elles ne sont propres qu'à faire que » l'étenduë n'existe que dans notre enten» dement. En premier lieu je remarque » que l'on se sert de quelques-unes de ces » démonstrations contre ceux qui disent » que la matiere est composée de points » Mathématiques. On leur objecte que » les côtez d'un quarré seroient égaux à la » ligne diagonale, & qu'entre les cer» cles concentriques celui qui seroit le

(*a*) Article de Zenon, Dict. Hist. & Crit.

» plus petit égaleroit le plus grand. On » prouve cette conséquence en faisant » voir que les lignes droites que l'on peut » tirer de l'un des côtez d'un quarré à » l'autre, remplissent la diagonale & que » toutes les lignes droites qu'on peut tirer » de la circonférence du plus grand cer- » cle, trouvent place sur la circonferen- » ce du plus petit. Ces objections n'ont » pas plus de forcecontre le continu com- » posé de points, que contre le continu » divisible à l'infini. Car si les parties d'u- » ne certaine étenduë ne sont pas en plus » grand nombre dans la ligne diagonale » que dans les côtés, ni dans la circonfé- » rence du plus grand cercle concentri- » que, que dans la circonférence du plus » petit, il est clair que les côtés du quar- » ré égalent la diagonale, & que le plus » petit cercle concentrique égale le plus » grand. Or toutes les lignes droites que » l'on peut tirer de l'un des côtés d'un » quarré à l'autre, & de la circonference » du plus grand cercle au centre sont éga- » les entr'elles : il le faut donc considerer » comme des parties aliquotes, je veux » dire comme des parties d'une certaine » grandeur, & d'une même dénomina- » tion. Or il est certain que deux éten- » duës ou les parties aliquotes & de mê- » me dénomination, comme pouce,

» pied, pas, sont en pareil nombre, ne
» se surpassent point l'une l'autre : il est
» donc certain que les côtez du quarré
» seroient aussi grands que la ligne diago-
» nale, s'il ne pouvoit point passer plus
» de lignes droites par la diagonale que
» par le côté du quarré. Disons la même
» chose des deux cercles concentriques.
» En second lieu, je soutiens qu'étant
» très-vrai que s'il existoit des cercles,
» on pourroit tirer de la circonférence au
» centre autant de lignes droites qu'il y
» auroit de parties à la circonférence ; il
» s'ensuit que l'existence d'un cercle est
» impossible ; que le centre d'un tel cer-
» cle ne puisse point exister : je le prouve
» manifestement. Supposons une éten-
» duë ronde dont la circonférence ait
» quatre pieds, elle contiendra quarante-
» huit pouces, dont chacun contiendra
» douze lignes, elle contiendra 576 li-
» gnes, & voilà le nombre des lignes
» droites qu'on pourra tirer de cette cir-
» conference au centre : tirons-en un pro-
» che du centre, il pourra être si petit
» qu'il ne contiendra que 50 lignes ; il ne
» pourra donc point donner passage à 576
» lignes, qui ayant commencé d'être ti-
» rées de la circonference de cette éten-
» duë ronde parviennent au centre ; &
» cependant si cette étenduë existoit, il

» faudroit néceſſairement que ces cinq » cent ſoixante ſeize lignes parvinſſent au » centre. Que reſte-t-il donc à dire ſinon » que cette étenduë ne peut exiſter ; & » qu'ainſi toutes les proprietés des cer- » cles & des quarrez ne peuvent exiſter » qu'idéalement.

» Notez que notre raiſon & nos yeux » ſont également trompez dans cette ma- » tiere. Notre raiſon conçoit clairement; » 1°. Que le cercle concentrique plus » voiſin du centre eſt plus petit que le » cercle qui l'environne. 2°. Que la dia- » gonale d'un quarré eſt plus grand que » ce côté. Nos yeux le voyent ſans com- » pas, & encore plus certainement avec » le compas; & néanmoins les Mathemati- » ques nous enſeignent que l'on peut ti- » rer de la circonference au centre autant » de lignes droites qu'il y a de points dans » la circonference ; & d'un côté d'un » quarré à l'autre autant de lignes droites » qu'il y a de points dans ce côté; & d'ail- » leurs nos yeux nous montrent qu'il n'y » a dans la circonférence du petit cercle » aucun point qui ne ſoit une partie d'une » ligne droite tirée de la circonférence du » grand cercle, & que la diagonale du » quarré n'a aucun point qui ne ſoit une » partie d'une ligne droite tirée d'un des » côtés à l'autre. D'où peut donc venir

» que cette diagonale est plus grande que
» ce côté ?

PREMIERE PROPOSITION.

D'un Point donné A, *hors d'une ligne* B C, *on ne peut faire tomber qu'une seule perpendiculaire sur la ligne donnée, & cette perpendiculaire est plus courte que toute autre ligne menée du point* A, *& terminée par la ligne donnée* B C.

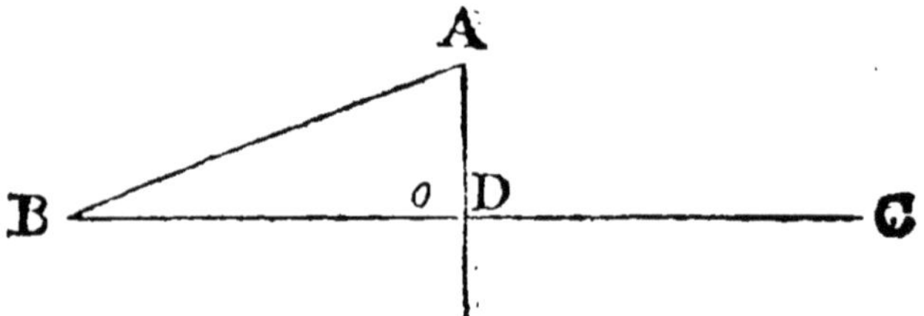

DEMONSTRATION DU CONTRAIRE.

Je considere la ligne B C comme étant composée de neuf infiniment petits ou indivisibles. Je suppose que le point D en soit le cinquiéme, & que o en soit le quatriéme, les points o & D se toucheront, ils seront contigus l'un à l'autre ; donc les deux lignes qu'on conduit du point A aux points o & D se touchent à leurs extremitez, donc elles sont paralleles puisqu'elles sont droites ; donc

l'une & l'autre sont perpendiculaires sur B C; donc d'un même point on peut conduire deux perpendiculaires sur une ligne droite.

2°. Ces deux lignes sont perpendiculaires sur la ligne B C, & partent du même point; donc elles sont également longues; donc deux lignes droites perpendiculaires sur une même ligne droite peuvent se rencontrer, sans même être prolongées à l'infini.

II. PROPOSITION.

Si une ligne comme E M *est perpendiculaire sur* A B, *toute autre ligne qui sera aussi perpendiculaire sur* A B, *& qui sera plus proche, des extremitez* A C *que* E M *sera plus courte que* E M.

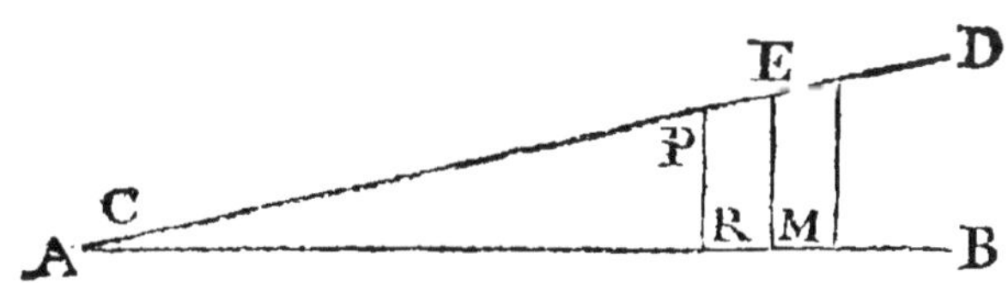

Voici comme on s'efforce de prouver le contraire. Je conduis du point E une ligne qui ait pour autre extremité le point contigu à M. Cette ligne par la premiere proposition est perpendiculaire à A B, elle eſt par la même propoſition auſſi lon-gue que E M ; cependant elle eſt plus proche des extremitez C A que E M, puiſqu'elle ſe trouve entre les extremitez C A & la ligne E M ; donc ſi une ligne comme E M eſt perpendiculaire ſur A B, toute autre ligne qui ſera auſſi perpendi-culaire ſur la même ligne A B, & qui ſe-ra plus proche des extremitez A C que E M ne ſera pas toujours plus courte que E M.

III. PROPOSITION.

Si une ligne comme A B *eſt perpendiculaire aux deux lignes* O P *&* M N, *toute au-tre ligne qui ſera perpendiculaire ſur* M N *le ſera auſſi ſur* O P.

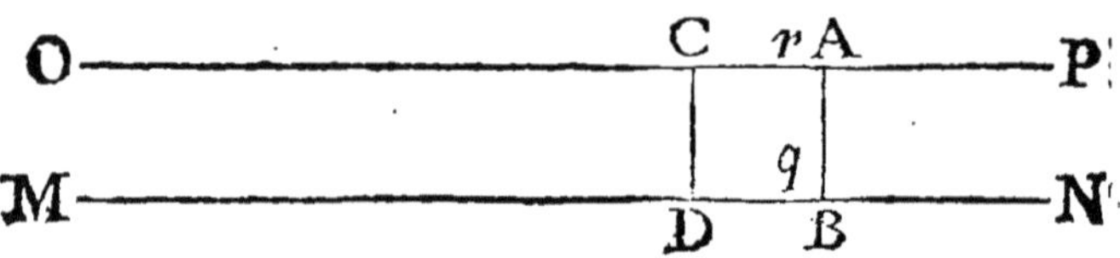

Il ſemble que cette propoſition n'eſt pas parfaitement bien démontrée ſi l'on ſuit le ſyſtême des infiniment petits ou indiviſibles. Voici les préjugez qu'on pourroit oppoſer à ſa verité.

1°. Selon la premiere propoſition on peut tirer du point A une ligne parallele à A B, cette ligne sera par conséquent perpendiculaire sur M N.

2°. Je prouve en second lieu qu'elle ne sera pas perpendiculaire à la ligne O P; car pour être perpendiculaire à la ligne O P il faudroit qu'elle fût tirée du point qui est le plus proche de son autre extremité, c'est-à-dire de R, qui est plus proche de Q que A; donc une ligne peut être perpendiculaire à une des paralleles, & ne point l'être à l'autre.

IV. PROPOSITION.

Si la ligne droite E A *perpendiculaire à la corde* B C *la coupe en deux parties égales au point* D, *elle passe nécessairement par le centre du Cercle.*

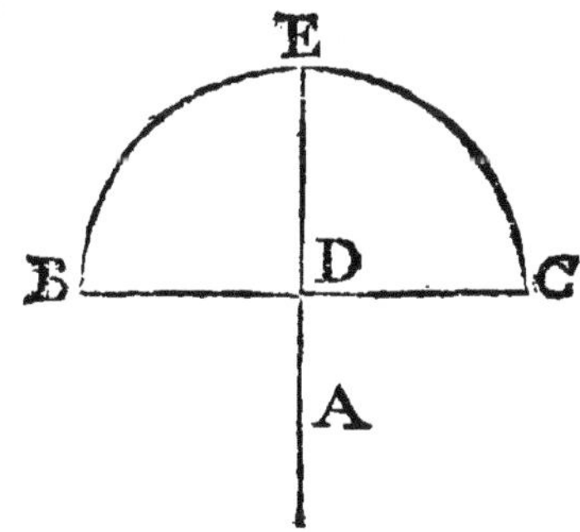

Bien des gens s'imaginent pouvoir démontrer le contraire en raisonnant conséquemment au systême des indivisibles;

Voici ce qu'ils disent pour le prouver.

On suppose que la corde BC ne soit composée que de seize infiniment petits; selon cette supposition il y aura deux points dans la corde ausquels pourroient répondre deux perpendiculaires qui la diviseroient en deux parties égales, sçavoir, les points *huitiéme* & *neuvéme*, car la distance de 8 à 1, ou de 9 à 16 est egale; mais comme il n'y a point deux centres dans un Cercle, il s'ensuit visiblement qu'une de ces deux perpendiculaires, qui sont paralleles entr'elles ne passeroit point par le centre; donc une secante peut être perpendiculaire à une corde & la couper en deux parties égales sans passer par le centre.

L'on m'objectera qu'il faut que la secante passe entre le huitiéme & le neuviéme point pour couper la corde en deux parties égales.

Je réponds à cela qu'il faut que la secante tombe sur un point de la corde, puisqu'elle ne peut point la couper sans la toucher, & par consequent sans qu'elle la touche ou au huitiéme ou au neuviéme point.

Il faut de plus remarquer qu'il n'y a aucun vuide entre le huitiéme & le neuviéme point, & par consequent qu'une ligne qui est composée d'infiniment petits doit

doit répondre ou au huitiéme ſeulement ou au neuviéme ſeulement, non point partie à l'un, partie à l'autre, puiſque nous concevons les infiniment petits ſans parties, & qu'un point de la ſecante ne peut en couvrir deux de la corde étant de même grandeur.

V. PROPOSITION.

Si la Secante eſt perpendiculaire à la corde & qu'elle paſſe par le centre du Cercle, elle la coupe en deux parties égales.

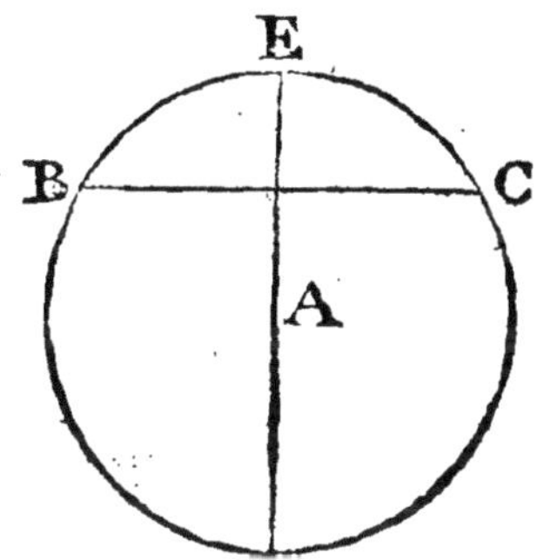

Voici les fondemens ſur leſquels on s'établit pour conſtater la verité de cette démonſtration.

Selon la premiere propoſition je puis tirer du centre A ſur B C une ligne qui ſoit parallele à la ligne E A, elle ſera par conſequent perpendiculaire à la corde B C.

Je ſuppoſe aprés cela que B C ſoit composé de dix-sept infiniment petits, & que la secante A E touche la corde B C au neuviéme point, selon cette supposition la secante A E sera la seule qui puisse couper A C en deux parties égales; par consequent l'autre secante qu'on aura tirée du point A, quoique parallele à la secante A E, & perpendiculaire à la corde B C, ne sçauroit couper B C en deux parties égales; car ou elle répondroit au huitiéme point ou au dixiéme. Dans ces deux suppositions il y auroit toujours huit points d'un côté & neuf de l'autre.

Des deux suppositions précedentes on peut en conclure qu'il n'y a plus aucune voye sûre pour faire passer une circonference par trois points; d'où on peut inferer la fausseté d'une infinité de corollaires.

VI. PROPOSITION.

Si de l'extremité de l'une des raisons qui comprennent un arc l'on mene une perpendiculaire sur l'autre rayon, elle s'appelle Sinus de l'arc, & si cette perpendiculaire est prolongée jusqu'à la circonference, elle deviendra corde d'un arc double de l'arc donné.

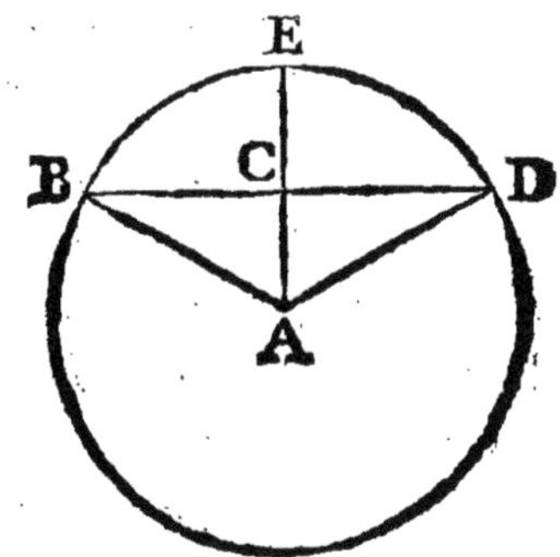

Posez une fois la verité de la proposition précedente, celle-ci est fausse, puisque le rayon A C peut être perpendiculaire sur la corde A D sans la partager en deux parties égales, ce qui seroit requis pour que la proposition fût vraie, donc, &c.

VII. PROPOSITION.

De toutes les Secantes exterieures, la plus courte est celle qui étant plongée passeroit par le centre.

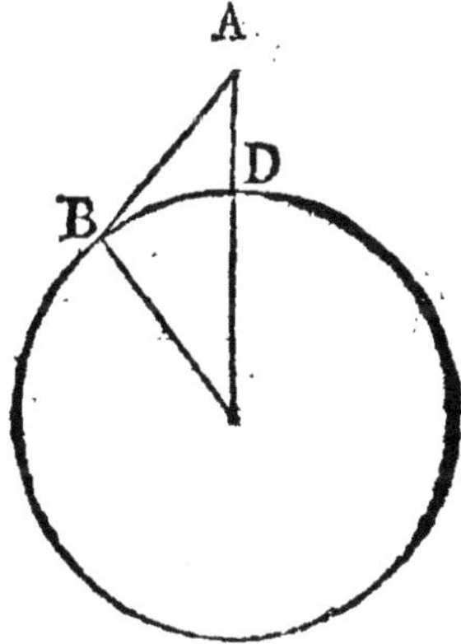

J'ai vû bien des gens qui raisonnoient de

la maniere suivante pour contester la verité de cette proposition.

Lorsque deux lignes droites se touchent par leurs extremités elles sont l'une & l'autre de même grandeur. Or la ligne A B & la ligne A D peuvent se toucher à leurs deux extremités.

1°. Elles se touchent au point A, puisque c'est du point A qu'elles partent l'une & l'autre.

2°. Elles peuvent aussi se toucher au point D; car pour qu'elles puissent se toucher au point D, il suffit qu'on conduise la ligne A D à l'infiniment petit qui est le plus proche de D. Cet infiniment petit & le point D, qu'on suppose être contigus l'un à l'autre, sont les extremités des deux lignes A B & A D; donc ces deux lignes se touchent par leurs deux extremités. Cependant il n'y auroit que la ligne A D qui passeroit par le centre, elles sont comme on l'a démontré de même grandeur. Donc de toutes ces secantes exterieures, celle qui passeroit par le centre ne seroit pas la plus courte.

VIII. PROPOSITION.

De toutes les Secantes exterieures, la plus longue eſt celle qui paſſe par le centre.

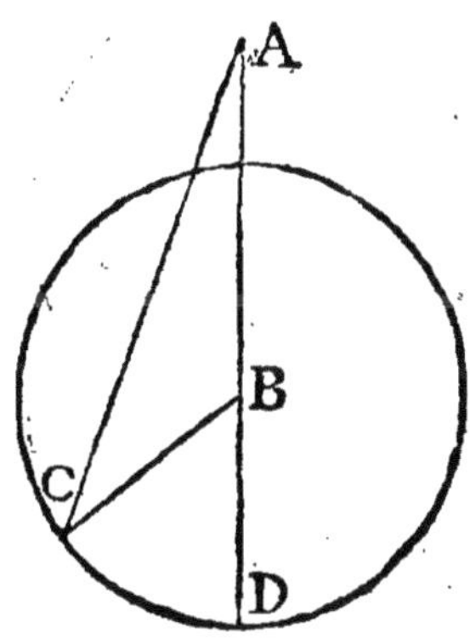

L'on combat la verité de cette propoſition comme celle de la précedente.

La ligne qu'on tirera du point A à l'infiniment petit qui eſt contigu au point D, ne paſſera pas par le centre B; cependant ces deux lignes ſe toucheront aux points A & aux points D, donc elles ſeront d'égale grandeur, donc il peut y avoir une ſecante exterieure qui ne paſſe pas par le centre, & qui ſoit auſſi longue que celle qui paſſe par ce même centre.

IX. PROPOSITION.

La plus longue de toutes les Secantes interieures est celle qui passe par le centre.

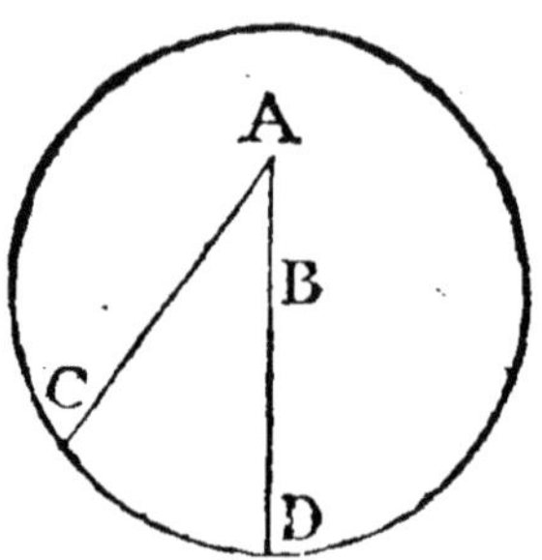

La même raison qui a servi à impugner la verité des propositions précedentes engage l'esprit à s'obstiner contre la verité de celle-ci. Voici les préjugés qu'on lui oppose.

Si du point A vous tirez une ligne sur l'infiniment petit qui est contigu au point D, cette ligne touchera la ligne A D qui a passé par le centre à ses deux extremités, donc elle sera aussi longue qu'elle ; elle n'a pourtant pas passé par le centre, donc la secante interieure qui a passé par le centre n'est pas toujours plus longue que celles qui n'y passent point.

Par la même raison l'on prouve que la secante interieure qui passeroit par le centre n'est pas toujours la plus courte.

de toutes les ſecantes interieures qui partiroient du même point.

X. PROPOSITION.

Il eſt impoſſible de faire paſſer une ſeule ligne droite entre la Tangente & le Cercle, quoiqu'on y en puiſſe faire paſſer une infinité de circulaires qui ne ſe rencontreront toutes qu'au ſeul point de contingence.

J'ai connu d'aſſez bons Mathematiciens qui refuſoient d'acquieſcer à cette propoſition ; je croi qu'ils avoient tort : au reſte voici leur façon de raiſonner.

La Tangente ne touche le Cercle qu'en un ſeul point ; donc après le point du contacte il y a un eſpace compris entre la Tangente & le Cercle, lequel eſpace conduit directement au point du contacte ; donc l'on peut conduire tout au moins par cet eſpace compris entre la Tangente & le Cercle une ligne compoſée d'infiniment petits, ſans que cette ligne coupe le Cercle, puiſque cet eſpace conduit entre la Tangente & le Cercle & non point dans le Cercle.

En ſecond lieu, s'il peut paſſer une circonference entre la Tangente & le Cercle, il pourra pareillement y paſſer une ligne droite, je le prouve.

Lorsque la circonference passe entre la Tangente & le Cercle, elle n'a qu'un seul point de commun avec la Tangente & le Cercle. Le second point de la circonference qui suit celui du contacte ne touche donc point ni le Cercle ni la Tangente ; on pourra donc par consequent faire passer une seconde circonference entre la premiere & la Tangente; puisque cela est ainsi, il faut donc que l'espace compris entre la Tangente & le Cercle immediatement après le point du contacte ou de contingence ne soit pas infiniment petit, puisque les Géometres le supposent divisible à l'infini, d'où il semble que c'est être encore fort moderé que de ne demander passage que pour une seule ligne droite qu'on suppose même n'être composée que d'infiniment petits.

On ne peut pas dire que le point de contingence ne répond qu'aux extremités de la Tangente, puisqu'il répondra aussi aux circonferences qu'on peut décrire entre la Tangente & le Cercle; de plus, si l'espace compris entre la Tangente & le Cercle étoit compris par deux courbes on concevroit peut-être qu'il ne seroit pas possible de tirer une ligne droite au point de contingence, mais l'espace qui est entre la Tangente & le Cer-

cle

ele est un espace terminé, à la verité d'un côté par une circonference, mais de l'autre côté par une ligne droite, à sçavoir, la Tangente ; par consequent cet espace est droit, & nous concevons que nous pouvons tirer droit au point de contingence une ligne parallele à la Tangente.

La courbe que vous décrivez entre la Tangente & le Cercle n'entre point dans le Cercle, elle ne touche non plus que la Tangente qu'aũ seul point de contingence qui devient commun à la Tangente, au Cercle & à la circonference qui passe entre la Tangente & le Cercle. A present pour avoir une ligne droite qui passe entre la Tangente & le Cercle, nous n'avons qu'à rendre la courbe qu'on conçoit entre la Tangente & le Cercle parallele à la Tangente, ce qu'on conçoit pouvoir se faire fort aisement, puisque pour cet effet il n'y qu'à prendre le point de la courbe qui suit immediatement après celui de contingence & le faire toucher à la Tangente ; en faire autant du troisiéme, du quatriéme, du cinquiéme, ainsi de suite, la courbe se trouvera de la sorte être devenuë parallele à la Tangente, & toucher malgré cela au point de contingence qui est commun au Cercle, à la courbe devenuë droite & parallele à la Tangente, & à la Tengente.

Cette courbe devenuë parallele à la Tangente n'entre point dans le Cercle, puisqu'étant courbe elle ne touchoit le Cercle qu'au point de contingence, & qu'après son parallelisme avec la Tangente, tous les points de la courbe excepté le seul de contingence se sont éloignés du Cercle pour s'approcher de la Tangente.

De plus, cette courbe devenuë parallele à la Tangente touche le point de contingence, puisque selon la supposition elle le touchoit avant que d'être devenuë parallele, & que pour devenir parallele à la Tangente on n'a fait changer de place qu'aux points qui suivoient celui de contingence, en les approchant de la Tangente.

Puisque la courbe est devenuë parallele à la Tangente, & qu'elle touche encore après son parallelisme au point de contingence, il s'ensuit qu'on peut tirer une ligne droite entre la Tangente & le Cercle, sans qu'elle coupe ni la Tangente ni le Cercle.

Premierement, elle ne coupera pas la Tangente, puisqu'on a démontré qu'elle lui étoit parallele.

En second lieu, elle ne coupera point le Cercle, puisqu'avant que d'être parallele elle ne le coupoit pas, & pour devenir parallele la courbe a toujours conſervé ſon point de contingence , & les autres points qui ſuivoient celui de contingence ſe ſont éloignés du Cercle pour s'approcher de la Tangente ; par conſequent après l'acquiſition de ſon parallelisme , elle ne ſçauroit couper le Cercle , elle ne coupe pas pareillement la Tangente ; donc elle paſſe entre la Tangente & le Cercle , donc une ligne droite peut paſſer entre la Tangente & le Cercle.

XI. PROPOSITION.

Si l'on mene de differens côtés pluſieurs lignes aboutiſſantes toutes au même point en quelque nombre qu'elles ſoient , tous les Angles qu'elles comprendront vaudront enſemble quatre Angles droits.

L'on m'a ſouvent propoſé les raiſonnemens ſuivans pour combattre la verité de cette propoſition.

La grandeur d'un Angle ſe meſure par l'éloignement de ſes côtés , ce qui forme une ſurface , & dans cette ſurface ne ſont point compris les côtés qui la termine ; car la grandeur des Angles ſe prend préciſément de l'ouverture des côtés. S'il y a , par exemple , quatre lignes de diſtance entre les côtés qui comprennent un Angle , & qu'il n'y ait préciſément que deux lignes de distance entre deux autres côtés qui comprennent un Angle, le premier sera double du second, il aura double mesure, son aire sera par conséquent double. Cependant si on avoit égard pour la grandeur des Angles aux côtés qui les terminent, s'ils servoient de quelque chose pour la composition & l'agrandissement des surfaces Angulaires, le premier Angle ne seroit point double du second, car il n'auroit que la valeur de six lignes, en prenant chaque côté pour une ligne, & l'autre en auroit quatre, sçavoir, deux lignes de distance entre ses côtés, ses deux côtés qui équivalent à autres deux lignes, la surface de l'un seroit comme 6, & celle de l'autre comme 4, ce qui n'est assurément pas du consentement même de tous les Géometres qui font consister la grandeur d'un Angle dans la seule ouverture des côtés qui le terminent ; ainsi il s'en faut de l'espace qu'occupent quatre lignes que l'aire des quatre Angles droits ait la même grandeur que celle du Cercle ; par conséquent plus vous multipliez le nombre des Angles, plus vous multipliez celui des côtés qui remplissent l'aire du Cercle, & qui diminuënt à proportion l'aire des Angles. Donc s'il y a cent Angles au centre du Cercle, il y aura cent côtés qui termineront tous ces Angles, & le total de l'aire de tous ces Angles se trouvera moindre que l'aire du Cercle de l'espace qu'occupent dans le Cercle les cent côtés; d'où il s'ensuit que tous ces Angles n'ont pas pour mesure la circonference entiere du cercle, & même si l'on supposoit que la circonference du Cercle n'eût précisément que 300 points, toutes les aires de ses Angles prises ensemble n'auroient pour mesure que les deux tiers de la circonference, parce que les cent côtés qui terminent les cent Angles tomberoient sur cent points de la circonference, & par consequent ces cent points de la circonference ne sont point compris dans l'aire des cent Angles. L'on peut aussi conclure que tous ces Angles ensemble ne valent pas quatre Angles droits, puisqu'il s'en faut de l'espace qu'occupent les quatre côtés que l'aire des quatre Angles soit égale à celle du Cercle.

XII. PROPOSITION.

Tout parallelograme est égal au Rectangle qui a même base & même hauteur que lui.

J'ai eu bien des assauts à soutenir pour défendre la verité de cette proposition; ceux qui l'attaquent prétendent qu'elle n'est pas soutenable, posé une fois le systême des infiniment petits : voici comme ils le prouvent.

Les côtés du parallelograme sont assurement plus longs que ceux du Rectangle, puisqu'ils sont opposés à de plus grands Angles ; donc l'aire du parallelograme est plus longue que celle du Rectangle. Pour se convaincre de la verité de cette consequence, il n'y a qu'à considerer comment l'aire du parallelograme a été formée.

Pour former l'aire du parallelograme n'est-il pas bien évident qu'il faut prendre autant de fois la base qu'il y a de points dans un de ses côtés ? A present pour avoir l'aire du Rectangle que faut-il faire ? Il faut prendre la base autant de fois qu'il y a de points dans les côtés du Rectangle ; or il n'y a point autant de points dans les côtés du Rectangle que dans les côtés du parallelograme, puisque les côtés du parallelograme ne sont pas si longs que ceux du Rectangle. La base est donc comprise un plus grand nombre de fois dans le parallelograme que dans le Rectangle, donc l'aire ou la surface du parallelograme est plus grande que celle du Rectangle.

On pourra bien opposer démonstration à démonstration, mais je ne croi pas qu'on puisse combattre celle-ci directement.

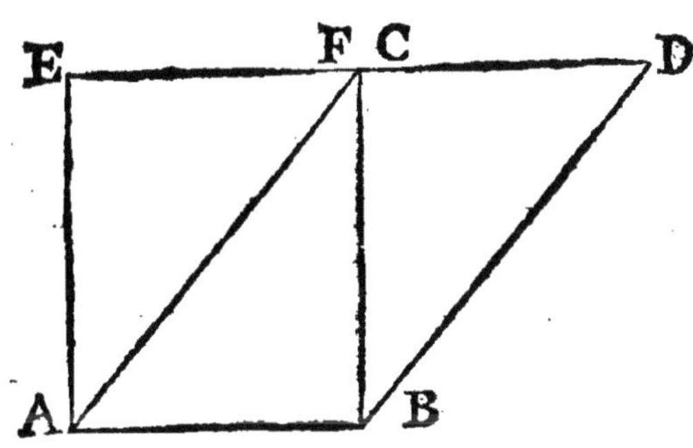

Car il est visible que la base A B est comprise plus de fois dans le parallelograme A B C D que dans le Rectangle A B e F, puisqu'elle est autant de fois dans le parallelograme qu'il y a de points dans la ligne A C, & qu'elle ne se trouve dans le Rectangle qu'autant de fois précisement qu'il y a de points, ou d'infiniment petits dans la ligne E A ; or la ligne A C est plus longue que la ligne E A, elle contient donc plus de points que la ligne E A, la base A B est donc plus de fois dans le parallelograme que dans le Rectangle, l'aire du parallelograme est donc plus grande que l'aire du Rectangle.

On ne sçauroit nier que la base se trouvant un plus grande nombre de fois dans la parallelograme que dans le Rectangle, l'aire du parallelograme ne soit plus grande que l'aire du Rectangle, puisque les surfaces sont composées de lignes.

Il faut de plus remarquer que quoique les élemens du parallelograme soient inclinés sur ses côtés formant une surface plane, ils n'en sont ni plus ni moins propres pour contribuer à l'aire du parallelograme. Voici ma démonstration en tout son jour.

1°. Les côtés du parallelograme sont plus longs que ceux du Rectangle, ils contiennent donc un plus grand nombre d'infiniment petits.

2°. La base est donc multipliée plus de fois dans le parallelograme que dans le Rectangle, il y a donc plus d'élemens dans le parallelograme que dans le Rectangle? Les élemens du parallelograme & du Rectangle sont de même grandeur; donc l'aire du parallelograme est plus grande que celle du Rectangle.

XIII. PROPOSITION

L'aire du Triangle est la moitié du parallelograme, & par consequent du Rectangle qui a même base & même hauteur que lui.

Le dernier membre de cette proposition est faux, puisque la moitié du parallelograme est plus grand que la moitié du Rectangle, selon la proposition précedente.

XIV. PROPOSITION.

Les Triangles qui ont même base & même hauteur sont égaux.

Cette proposition n'est pas toujours vraie, disent quelques-uns, par ce qu'il peut se faire que l'un de ses Triangles soit la moitié d'un parallelograme, & que l'autre soit la moitié d'un Rectangle de même base & de même hauteur que le susdit parallelograme. Or les touts n'étant pas égaux, selon la douziéme Proposition, les moitiés par consequent ne sçauroient l'être aussi ; donc les Triangles qui ont même base & même hauteur ne sont pas toujours égaux.

XV. PROPOSITION.

En tout Triangle Rectangle le quarré d'un grand côté qu'on appelle hipotenuse est égal aux quarrés des deux côtés.

On m'a proposé d'assez bons préjugés contre la verité de cette proposition : les voici.

Le quarré de la Diagonale n'est autre

chose que la Diagonale même prise autant de fois qu'elle contient elle-même de points. Le quarré du côté par la même raison n'est que le resultat d'autant de côtés qu'il comprend lui-même de points. Or si, comme les Géometres en conviennent, la Diagonale est incommensurable avec les côtés d'un même quarré; comment pourra-t-il donc se faire que le quarré de la Diagonale, (c'est-à-dire, la Diagonale prise un certain nombre de fois) soit le double du quarré du côté, qui n'est pareillement que le côté pris un certain nombre de fois.

De plus, si au lieu de mettre parallelement les Diagonales on les mettoit les unes au bout des autres, & qu'on prît de même le côté, le nombre de fois qu'il faudroit pour le constituer en quarré; toutes ces Diagonales rangées les unes au bout des autres conserveroient toujours un rapport d'incommensurabilité avec les côtés qu'on auroit rangé de la même façon; pourquoi donc en couchant toutes ces Diagonales les unes sur les autres en forme de quarré, ne conserveront-elles pas toujours un rapport d'incommensurabilité avec les côtés du quarré disposés de la même maniere?

Toutes ces Diagonales rangées de la sorte formeroient une ligne en supposant qu'elles ſe trouvent autant de fois dans cette ligne qu'elles ſe trouvent de fois dans le quarré, il ne doit y avoir ni plus ni moins de points ou d'infiniment petits dans la ligne qui feroit compoſée de toutes ces Diagonales, qu'il y en a dans le quarré. De même la ligne qui eſt compoſée de tous ces côtés ne doit pareillement contenir ni plus ni moins de points ou d'infiniment petits que le quarré d'un de ces côtés, puiſque le côté eſt pris autant de fois dans cette ligne qu'il l'eſt dans le quarré du côté; cependant la ligne compoſée de tous ces côtés feroit incommenſurable avec la ligne compoſée des Diagonales, donc le quarré de la Diagonale doit être incommenſurable avec le quarré du côté.

Un autre motif de doute que nous avons contre la verité de la ſuſdite propoſition, eſt qu'il n'y a aucun nombre quarré qui ſoit préciſément le double d'un autre nombre quarré.

Quatre eſt le double de deux qui n'eſt point un nombre quarré, 9 eſt le double de 4 $\frac{1}{2}$ 16 eſt le double de 8, 25 eſt le double de 12 $\frac{1}{2}$, 36 eſt le double de 18, 49 eſt le double de 24 $\frac{1}{2}$, 64 eſt le double de 32, 81 eſt le double de 40 $\frac{1}{2}$, 100 eſt le double de 50, &c. Cependant les nombres & les points ont cela de commun qu'il ne peut y avoir un quarré fait avec des points si le nombre de ces points n'est lui même un quarré. Huit points rangés selon toutes les combinaisons possibles ne feront jamais un quarré; 10, 12, 50, 60, 80, 1000 points ne peuvent composer un quarré. Par conséquent puisqu'on ne trouve aucun nombre quarré qui soit précisément le double d'un autre nombre quarré, il s'ensuit qu'il n'y a aucun quarré composé de points qui soit précisément le double d'un autre quarré composé de points.

Quatre points, par exemple, peuvent faire un quarré, prenez-en la moitié, ce sera deux points qui ne sçauroient faire un quaré. Neuf points peuvent faire un quaré, la moitié c'est 4 $\frac{1}{2}$ qui ne feront jamais un quarré. Seize forment un quarré, la moitié en est 8; 100 forment un quarré, la moitié en est 50; 400 points forment un quarré, la moitié en est 200 qui ne feront jamais un quarré; 10000 points forment un quarré, la moitié en est 5000 qui ne peuvent faire un quarré, quand même vous les combineriez de toutes les façons imaginables. Le quaré de l'hipotenuse ne peut donc être double du quarré du côté.

Enfin pour raisonner selon les vraies

idées que nous devons avoir de toutes les figures, soit simples, soit composées, je suppose un quarré dont les côtés ne soient composés que de quatre infiniment petits; un tel quarré sera en tout composé de 16 infiniment petits, la Diagonale d'un tel quarré sera composée ou de cinq ou de six infiniment petits, si elle est composée de cinq infiniment petits, son quarré ne sera que de 25 qui n'est pas le double de 16; si elle est composée de six infiniment petits, son quarré sera de 36 infiniment petits qui excede le double de 16 quarré du côté; donc dans aucun de ces deux cas le quarré de la Diagonale ne sera précisément le double du quarré du côté, donc, &c.

XVI. PROPOSITION.

L'aire du Cercle est égale au Rectangle qui a pour base la moitié de la circonference & pour hauteur le rayon.

Cette proposition a trouvé des contredisans; voici les motifs qui ont fait douter de sa verité à quelques esprits inquiets.

L'aire du Rectangle qui auroit pour base la moitié de la circonference & pour hauteur le rayon, n'est pas égale à l'aire du Cercle; si chaqu'élement du Triangle n'est pas de même grandeur que chaqu'élement du Cercle qui leur correspond. Or il est certain que les élemens du Rectangle ne sont pas de même grandeur que les élemens du Cercle ausquels ils correspondent, je le prouve.

Le plus petit élement du Cercle comprend plus de trois points; car s'il n'étoit composé que de trois points il seroit Triangle & non pas Cercle, ce qui est pourtant nécessaire pour être un des élémens du grand Cercle concentrique. Il faut aussi que le plus petit élement du Cercle comprenne plus de quatre points; car s'il ne comprenoit que quatre points, il seroit quarré & non point Cercle, il faut donc qu'il soit composé au moins de cinq infiniment petits puisqu'il est Cercle.

Cependant le plus petit élement du Rectangle ne doit pas comprendre cinq infiniment petits, il ne peut être composé que de deux, puisque les élemens du Rectangle diminuent en même raison que le rayon. Cet élement du Rectangle qui n'est que de deux points correspond au plus petit élement du Cercle, qui est comme nous l'avons remarqué tout au moins de cinq points; donc les élemens du Rectangle ne sont pas de même grandeur que les élemens du Cercle qui leur correspondent ; donc l'aire du Triangle Rectangle qui auroit pour base la circonference du Cercle & pour hauteur le rayon, ne seroit pas égale à l'aire du Cercle.

Il faut de plus remarquer que dans le systême des infiniment petits le sommet du Triangle est d'abord un point, le second élement deux, le troisiéme trois points, &c. selon la progression Arithmetique, 1, 2, 3, 4, &c. Car si, par exemple, il s'en falloit de trois points que le second élement ne fût aussi grand que le troisiéme, la base du Triangle laisseroit un vuide entre ces deux élemens, & ce qui est très-facile à concevoir. Supposons, par exemple, que le second élement soit de cinq points & que le troisiéme en ait huit, le cinquiéme point du second élement touchera le cinquiéme point du troisiéme élement, il y aura par consequent trois points dans le troisiéme élement que le troisiéme point du second élement ne touchera pas. Or comment voulez-vous qu'après cela la base qui sera couchée sur les extremités de ses élemens ne laisse aucun vuide entre le second & le troisiéme élement, il faudroit donc reconnoître du vuide dans l'aire du Triangle Rectangle si ses élemens ne croissent point selon la progression Arithmetique 1, 2, 3, 4, 5, 6, &c. l'aire de ce Triangle ne seroit donc point remplie, ce qui eſt contre la ſuppoſition.

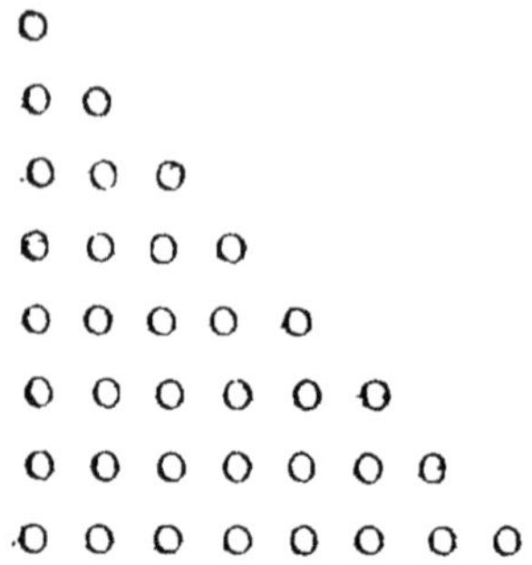

```
o
o o
o o o
o o o o
o o o o o
o o o o o o
o o o o o o o
o o o o o o o o
```

XVII. PROPOSITION.

La Diagonale du quarré eſt incommenſurable à ſon côté.

Cette propoſition n'eſt pas ſoutenable, elle eſt viſiblement fauſſe dans le ſyſtême des infiniment petits, ſi nous voulons nous en rapporter au témoignage de quelques Philoſophes modernes. Car il ſera conſtant qu'il y a un certain nombre d'infiniment petits dans la Diagonale, & que le côté en comprend auſſi un certain nombre ; par conſequent la Diagonale ſera au côté comme nombre eſt à nombre.

Quoiqu'il n'y ait aucune ligne incommenſurable dans le ſyſtême des indiviſibles, il pourroit pourtant y avoir des grandeurs dont on ne pourroit point extraire

traire la racine. Un plan qui seroit composé de douze infiniment petits n'auroit aucune racine quarrée. On ne pourroit trouver aucun nombre d'indivisibles qui étant multiplié par soi-même donnât quinze indivisibles. On ne peut pas approcher de cette racine à l'infini, elle ne se trouve point entre trois & quatre, comme le prétendent les Algebristes, cette racine ne subsiste point du tout; si elle étoit, elle seroit plus grande que trois & plus petite que quatre; or il n'y a point de grandeur entre trois & quatre indivisibles, par consequent c'est inutilement qu'on se donne des peines pour approcher de ce qu'on appelle racine sourde ou irrationnelle, sur-tout en Algebre où il ne doit point être fait mention des unités Géometriques.

XVIII. PROPOSITION.

La superficie de la Demi-sphere est égale à la superficie Cilindrique, de même base & de même hauteur.

Pour peu qu'on veüille être attentif on s'appercevra aisément de la fausseté de cette proposition.

Il y a autant d'élemens dans le cilindre qu'il y de points dans sa hauteur.

Il n'y a pas plus d'élemens dans la

demi-sphere qu'il y a de points dans la hauteur du cilindre.

Tous les élemens du cilindre sont égaux aux grands élemens de la demi-sphere, & ces élemens ne diminuent point, ils ne vont pas en décroissant à mesure qu'ils s'éloignent de la base.

Les élemens de la demi-sphere diminuent à proportion qu'ils s'éloignent de la base, ce sont des Cercles dont les rayons diminuent.

Plus les élemens sont petits, moins ils ont de superficie. Un Cercle qui a un rayon de 50 pieds a plus de superficie qu'un Cercle d'un rayon de deux lignes.

Donc tous les élemens de la demi-sphere ne forment pas étant assemblés une si ample superficie que les élemens du cilindre, puisqu'il y en a de part & d'autre un même nombre, & que ceux du cilindre surpassent en grandeur ceux de la demi-sphere qui vont toujours en décroissant.

Ne seroit-il pas à present ridicule de prétendre que le dernier élement de la demi-sphere, qui ne doit être qu'un infiniment petit, eût autant de superficie que l'élement du cilindre que nous pourrons supposer de 60 pieds de Diametre. Cette proposition est pourtant d'un fort grand usage, & on en tire des consequences à l'infini.

XIX. PROPOSITION

La superficie cilindrique est double du Cercle qui lui sert de base.

Cette proposition ne sçauroit être vraïe qu'autant qu'on suppose que pour avoir l'aire du cercle, il faut multiplier la demi circonférence du cercle par le rayon, ce qu'on a crû démontrer être faux en faisant voir dans la seiziéme proposition que l'aire du cercle n'est pas égale au triangle, qui auroit pour base la circonférence entiere, & pour hauteur le rayon.

XX. PROPOSITION.

Si l'on a deux figures, deux solides, en un mot deux grandeurs homogenes à comparer l'une avec l'autre, & que ces deux figures ou solides étant de même hauteur, les élemens ne décroissent point, pendant que les élemens de l'autre décroitront toujours dans la même raison que les hauteurs, la figure ou solide dont les élemens ne décroissent point, sera double de la figure ou solide dont les élémens décroissent en même raison que les hauteurs.

Il y a des esprits enclins à la chicane

qui attaquent la vérité de cette proposition, s'imaginant prouver suivant l'hipotese des indivisibles, que le quarré n'est pas le double du triangle formé par la diagonale ; & par conséquent qu'une figure dont les élemens ne décroissent point, n'est point le double d'une figure dont les élemens décroissent en même raison que les hauteurs.

On suppose un quarré dont chaque côté soit composé de dix indivisibles, l'aire d'un tel quarré sera de cent indivisibles : je dis que le quarré qui contient cent indivisibles ou infiniment petits ne sera pas le double du triangle que la diagonale formera dans ce même quarré : je le prouve.

Dans le triangle formé par la diagonale du quarré de cent indivisibles il y aura dix élemens, le premier sera un indivisible, le second sera de 2, ainsi de suite, 3, 4, 5, 6, 7, 8, 9, 9.

Je dis que le dixiéme élement de ce triangle ne sera que de neuf points ou indivisibles, parce que le dixiéme point sert de sommet à l'autre triangle ; ainsi pour ne point le compter deux fois, je ne prends que neuf points pour le dixiéme élement du triangle. Or tous ces élemens pris ensemble composent le nombre de cinquante-quatre, qui est plus que la moitié de cent, qui eſt le quarré ; donc une figure dont les élemens ne décroiſſent point n'eſt pas toujours le double d'une autre figure de même baſe & de même hauteur dont les élemens décroiſſent en même raiſon que les hauteurs.

Il eſt bien viſible que les élemens du triangle formé par la diagonale du quarré diminuent en même raiſon que les hauteurs, puiſque chaqu'élement eſt moindre que le précedent d'un point ſelon la progreſſion arithmetique 1, 2, 3, 4, 5, 6, 7, &c. Or c'eſt ſelon cette progreſſion que diminuë la hauteur du quarré ; donc, &c.

J'avoüe que nous voilà réduits à un terrible paradoxe. Le quarré n'étant que de cent points, il ſemble que la diagonale doit le partager en deux parties égales, qui ſoient chacune de cinquante points ; je viens cependant, en ſuivant le ſyſtême des indiviſibles de démontrer le contraire: je trouve que chaque triangle eſt compoſé de 54 indiviſibles ; je ne ſçai pas d'où ces quatre indiviſibles peuvent venir, ni qui a pû les fourrer là. Le fait eſt pourtant conſtant, ils y ſont quoique nous ignorons d'où ils viennent ; car le premier élement eſt 1, le ſecond 2 ; enſuite 3, 4, 5, 6, 7, 8, 9, 9. Tout cela fait fort bien 54. Il en eſt de même de l'autre triangle formé par la même diagonale. Voilà donc 108 points que nous trouvons dans un quarré que nous avons supposé être de cent points.

Combinez les élemens de votre triangle tout comme vous le voudrez, il faudra toujours lui en donner dix, & j'engage ma parole que vous trouverez dans ces dix élemens plus de cinquante indivisibles. Voilà d'étranges extremitez, & d'épouvantables profondeurs. Si vous dites que chaque triangle n'a que neuf élemens, vous ne trouverez pas non plus votre compte; car vous aurez 1, 2, 3, 4, 5, 6, 7, 8, 9, & tout cela ne fera que 45. Si vous en mettez dix, vous aurez 54, en supposant même que le dernier élement n'est composé que de 9, à cause de la raison que j'en ai déja donnée. Déterminez-vous au choix.

De plus, je ne vois pas qu'en lui donnant dix élemens on lui donne rien de trop; & par conséquent il ne paroît pas qu'il soit nullement nécessaire de faire quelque soustraction. Si vous ne lui donnez que neuf élemens, je ne vois pas non plus pourquoi vous ajouteriez à chaque triangle cinq points qui leur manquent pour en avoir 50, afin d'être moitié du quarré. Je n'entrevois nul expédient qui puisse nous tirer de ce mauvais pas.

XXI. PROPOSITION.

Le fuseau parabolique est la moitié du Cilindre de même base & de même hauteur.

J'ai vû un homme d'un nom assez connu s'escrimer de la sorte contre la verité de cette proposition.

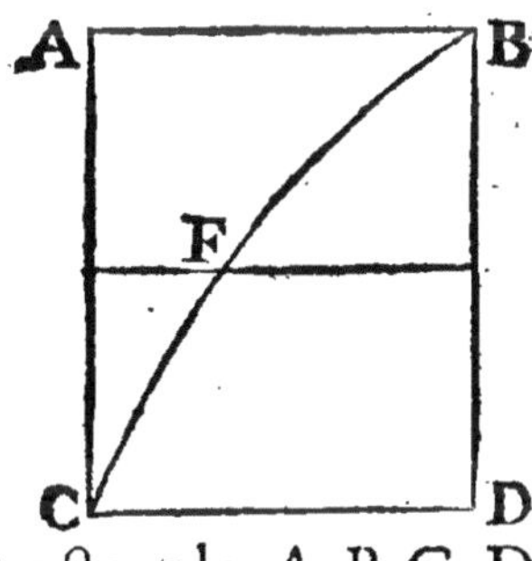

1°. Le triangle sphérique B C D, qui est un des élemens du fuseau parabolique, est assurément plus grand que la moitié du rectangle A B C D. Cette vérité se découvre d'elle-même, elle saute aux yeux.

2°. Le Triangle sphérique A B C D se trouve autant de fois dans le fuseau parabolique que le rectangle A B C D l'est dans le cilindre. La chose est palpable par la seule construction du fuseau parabolique; car le triangle sphérique B C D est autant de fois dans le fuseau parabolique qu'il y a de points dans le grand cercle de la base du cilindre. Pareillement le rectangle ABCD n'est pas plus de fois dans le cilindre qu'il y a de points dans le grand cercle de la base de ce cilindre ; donc le triangle sphérique est autant de fois dans le fuseau parabolique que le rectangle A B C D l'est dans le cilindre. Donc comme le rectangle n'est pas le double du triangle sphérique, il s'ensuit visiblement que ce cilindre n'est pas le double du fuseau parabolique : car si le nombre 5 n'est pas précisément la moitié de 8, il s'ensuit que trente fois 8 n'est pas le double du nombre qui résulte de trente fois 5 ; donc le fuseau parabolique n'est pas la moitié du cilindre de même base & de même hauteur. Toute la démonstration est fondée sur ces deux principes 1°. Qu'il y a autant de triangles sphériques dans le fuseau parabolique, qu'il y a de rectangles dans le cilindre. 2°. Que le triangle sphérique B C D est plus que de la moitié du rectangle A B C D.

XXII PROPOSITION.

Si l'on a deux figures, deux solides, en un mot, deux grandeurs homogenes à comparer, & que ces deux figures ou solides étant de même hauteur ; les élemens de l'une ne décroissent point, pendant que les élemens de l'autre décroîtront toujours en raison doublée de la raison des hauteurs, la figure ou solide dont les élemens

mens ne décroissent point, sera triple de celle dont les élemens décroissent.

Cette proposition est fondée sur un faux supposé, (*a*) puisqu'il ne peut y avoir dans le systême des infiniment petits de grandeurs dont les élemens décroissent en raison doublée de la raison des hauteurs : je le prouve. Les élemens d'une figure réguliere ne peuvent diminuer à la fois que d'un seul point. Si c'est une surface, puisque la courbe qui doit toucher tous ces élemens ne peut s'avancer ou se reculer que d'un point. Si les élemens de quelque triangle que ce puisse être diminuoient à la fois plus que d'un point, la base qui seroit couchée sur leurs extremitez laisseroit nécessairement du vuide, comme nous l'avons déja démontré ; donc tous les élemens de quelque figure que ce puisse être ne peuvent point décroître en raison doublée de la raison des hauteurs ; & par conséquent on n'avoit pas droit de supposer la proposition.

Je suppose que les élemens d'une figure plane, d'une surface, d'un triangle si vous le voulez, decroissent suivant la progression arithmétique, 1, 3, 5, 7,

(*a*) Je ne raisonne point ici sur mes propres principes, je ne fais qu'exposer les inquiétudes de quelques esprits trop scrupu- & même que je désaprouve.

9, 11. qu'arrivera-t-il de là ? Il est visible que si vous conduisez une ligne sur les extremitez de ces élemens, vous y remarquerez nécessairement du vüide entre ces extremitez ; car votre base, si vous voulez l'appeller de la sorte, ne touchera précisément que le premier élement qui est un indivisible ; le troisiéme point du second élement, le cinquiéme point du troisiéme élement, le septiéme point du quatriéme élement, le neuviéme point du cinquiéme élement, & le onziéme point du sixiéme élement ; il y aura donc de toute nécessité du vuide entre le premier élement & le troisiéme point du second, entre le troisiéme point du second élement & le cinquiéme point du troisiéme, entre le cinquiéme point du troisiéme élement & le septiéme point du quatriéme, ainsi de suite ; il y auroit donc necessairement du vuide, suivant le systême des indivisibles, si chaque élement diminuoit à la fois plus que d'un point.

XXIII PROPOSITION.

Le Cone est le tiers du Cilindre de même base & de même hauteur.

La proposition est démontrée fausse

(*a*) par la seule construction de la figure conique : voici comment je le prouve.

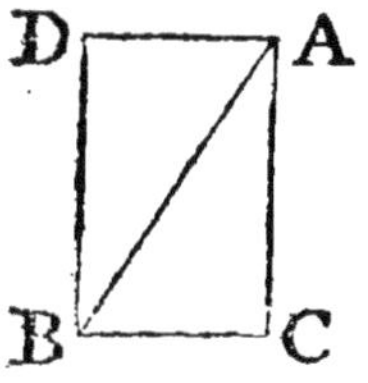

D A

B C

Pour avoir un cone de même base & de même hauteur qu'un cilindre, on prend un Rectangle qu'on divise par une diagonale. La diagonale forme le triangle A B C : vous faites tourner le rectangle A B C D sur l'axe immobile A C ; le triangle A B C formé par la diagonale, forme le cone, & le rectangle A B C D forme le cilindre. Le cone & le cilindre auront même base, puisque la ligne B C servira de rayon au grand cercle de leur base, & que ce grand cercle leur est commun. 2°. Ils auront même hauteur, puisque A C, qui est l'axe, est leur mesure commune. Fondé sur ces principes voici comme je raisonne.

Le triangle A B C est tout au moins la moitié du rectangle A B C D. 2°. Le triangle A B C est autant de fois compris dans le cone que le rectangle A B C D l'est dans le cilindre.

3°. Le triangle & le rectangle ont l'un

(*a*) Je prie de faire attention que je ne parle point de mon chef, lorsque je dis que cette proposition est démontrée fausse. Je suis fort éloigné d'affecter un langage aussi dogmatique.

& l'autre même baſe ; donc le cone eſt tout au moins la moitié du cilindre de même baſe & de même hauteur ; donc il n'eſt pas ſeulement le tiers.

La conſéquence me paroît aſſez bien déduite de ſes principes. On convient qu'il y a autant d'élemens dans le cone qu'il y en a dans le cilindre, c'eſt-à-dire, que s'il y a dix mille élemens dans le cilindre, il doit y en avoir dix mille dans le cone, parce que le nombre des élemens du cone & du cilindre doit ſe meſurer, ou pour mieux dire être égale au nombre de points qu'il y a dans le grand cercle de la baſe. Or la baſe eſt commune, elle eſt la même pour le cone & pour le cilindre ; donc il y a autant d'élemens dans le cone que dans le cilindre ; donc s'il y a dix mille élemens dans le cilindre, il doit y avoir auſſi dix mille élemens dans le cone.

L'on convient de plus que chaque élement du cone eſt la moitié de chaque élement du cilindre, (en prenant pour élement du cone le triangle A B C, & pour élement du cilindre le rectangle A B C D) ; par conſéquent en ſuppoſant que le cilindre a dix mille élemens, & que le cone en a autant, on doit conſiderer le cilindre comme étant le réſultat de dix mille touts, & le cone comme étant le réſultat de dix mille moitiés de ces dix mille touts : or dix mille touts ne ſont que le double préciſément de leurs dix mille moitiés ; dix mille fois dix n'eſt que le double de dix mille cinq : Donc comme le cilindre eſt composé de dix mille rectangles, & que le cone eſt composé de dix mille triangles, & comme ces triangles ne ſont que la moitié des rectangles, il s'enſuit manifeſtement que le cilindre n'eſt que le double du cone.

Les Géometres conſiderent autrement les élemens du cilindre & du cone : ils conçoivent les élemens du cilindre ſelon la hauteur, & comme des cercles qui ſont couchez parallelement les uns ſur les autres, & qui ne décroiſſent point. Ils conçoivent auſſi les élemens du cone comme des cercles rangez les uns ſur les autres ſelon la hauteur, mais qui décroiſſent à meſure qu'ils s'éloignent de la baſe. Je conviens qu'en les concevant de la ſorte on pourroit conclurre que le cone n'eſt préciſément que le tiers du cilindre de même baſe & de même hauteur ; mais il nous eſt libre de les conſiderer autrement : nous pouvons concevoir le cilindre composé de rectangles, & le cone composé de triangles, & c'eſt même la veritable conſtruction de ces deux ſolides, puiſque pour les former vous faites tourner le rectangle & le triangle sur un même axe.

J'avouë pourtant ingénuëment qu'on pourroit considerer ces deux solides de même maniere que les conçoivent nos Géometres. A quoi donc se déterminer ? Nous pouvons aussi les considerer comme je l'ai fait ; cependant en les envisageant sous ces deux différens aspects, vous concluez des choses toutes opposées.

Si on veut se soustraire à l'erreur, il faut regarder son objet de tous ses points de vûë, il faut l'envisager sous toutes ses faces ; c'est-là le moyen le plus sûr de réprimer l'impétuosité de son jugement, & de mettre un frein à son humeur dogmatique. Les Géometres raisonnent avec beaucoup de suite & d'enchaînement. Quand une fois ils tiennent un principe pour vrai, ou qu'ils ont consideré leur objet sous certains rapports, ils en tirent des conséquences qui sont justes & qui ne sont point trompeuses ; ils raisonnent très conséquemment : on peut dire même qu'ils ne se rendent qu'à l'évidence ; mais ces mêmes Géometres ne sont pas tout-à-fait exempts d'un défaut que je ne puis celer : ils ne vont point à leur objet par toutes les routes imaginables ; ils en jugent à leur premier abord, & bâtissent des systêmes en conséquence des premieres impressions qu'ils en ont reçû. Ils ont consideré d'abord le cilindre composé de cercles couchés parallelement les uns sur les autres, ils ont conclû de-là qu'il étoit le triple du cone qui avoit même base & même hauteur que lui. La conséquence étoit juste & très-bien liée ; mais ils auroient pû examiner le cilindre d'un autre côté, ils auroient pû le considerer comme composé de rectangles, & conclurre de-là qu'il n'étoit que le double du cone ; cette conséquence eût été encore vraye.

Un Philosophe qui sçait bien le fort & le foible dont chaque matiere est susceptible est un ennemi fort à redouter. Eunapius raconte que Pericles demeuroit toujours victorieux dans les combats de la dialectique. Pline en dit davantage de Carneades, qui avoit le talent d'établir avec le même succès des verités opposées & contradictoires, ce qui parut par les deux Discours qu'il prononça à Rome ; l'un en faveur de la justice, qu'il prouvoit devoir être le premier mobile de la societé ; l'autre contre la justice, qu'il prouvoit être vaine, chimerique, & fondée sur des principes faux ou peu sûrs Les Athéniens ne pouvoient point mettre leur cause entre les mains d'un homme qui fût plus propre pour les négociations

Il captivoit la raiſon de ceux dont il venoit implorer la clémence. Jamais on ne vit d'homme demander une grace avec tant d'empire. Une telle ſuperiorité de génie ne pouvoit provenir que d'un grand fond de lumiere. Carneades conſideroit ſon ſujet ſous toutes ſes faces.

XXIV. PROPOSITION.

Qui connoît dans un Triangle deux côtez & un angle, connoît tout le reſte.

Le ſyſtême des infiniment petits doit nous convaincre du contraire. (*a*) En effet, je ſuppoſe dans un triangle deux côtez connus avec un angle droit. Le plus grand des deux côtez connus eſt de dix infiniment petits, l'autre n'en comprend que cinq. Nous cherchons la baſe de ce triangle, & je prétends qu'on ne ſçauroit la trouver.

1°. Dans le triangle donné il ne peut y avoir tout au plus que dix élemens, puiſque le côté de ce triangle n'eſt composé que de dix infiniment petits; donc la baſe de ce prétendu triangle ne peut être que de dix infiniment petits : car

(*a*) Ce n'eſt pas là mon ſentiment ; mais c'eſt celui de pluſieurs perſonnes qui voyent apparemment les choſes autrement que moi.

comme il n'y a que dix élemens dans le triangle, le premier qui est le sommet n'est que d'un point, le deuxiéme en a deux, le troisiéme n'en a que trois; & par conséquent, en suivant toujours la même progression, le dixiéme n'en aura que dix. Cependant cette base que nous trouvons n'avoir que dix infiniment petits devroit pourtant en avoir davantage, puisqu'étant opposée au plus grand angle du triangle, elle doit nécessairement en être aussi le plus grand côté. Nous avons cependant supposé qu'il y avoit dans le triangle deux côtez connus, dont l'un étoit de dix infiniment petits, grandeur égale à celle de la base. Il faut par conséquent supposer que la base comprend plus que de dix infiniment petits.

Nous venons pourtant de démontrer qu'elle n'en peut avoir davantage: nous ne pouvons donc point déterminer la vraye grandeur de cette base, quoique nous connoissions dans le triangle deux côtez & un angle.

J'ai ici à répondre à une objection. On me dira que je raisonne fort à mon aise; mais fondé sur de faux principes; que c'est sans fondement que je fais l'analise des lignes, que je détermine le nombre des points qu'elles contiennent; qu'on ne doit pas en user de la sorte; qu'on doit regarder une ligne comme ligne précisément, comme une longueur.

C'est-là le grand retranchement des Géometres, ils croyent y être si fort en sûreté qu'ils ne prennent aucun soin d'en fortifier les avenues. A peine daignent-ils entendre parler de l'ennemi; ils ressemblent à ce superbe Roi de Babylone qui ordonnoit des festins publics, quoiqu'il s'y vît assiegé par une multitude innombrable. La grande Babylone à la fin succomba, & ses murs se trouverent renversés. Les Mathematiciens présument un peu trop de leurs forces, ils sont trop dédaigneux; qu'ils sçachent que les armes sont journalieres, & que la fortune peut leur faire sentir ses caprices.

J'ai consideré les lignes composées de points, les surfaces composées de lignes, & les solides composées de surfaces; je l'ai fait après le Jesuite Blancanus & après tous ceux qui ont reconnu des infiniment petits. Puisqu'il n'y a pas de ligne qui ne soit composée de points indivisibles, j'ai donc droit de supposer une ligne composée de tant d'indivisibles & de raisonner en consequence.

J'ai crû en suivant cette voye marcher sur les vestiges que nous ont tracés jusqu'ici les Géometres. Quand ils parlent de Cercle, c'est d'un Cercle parfait qu'ils s'agit; s'il eſt queſtion d'un Quarré, on n'a entendu faire mention que d'un Quarré parfait; toutes leurs figures ſont parfaites, ou du moins conçûës ou ſuppoſées telles. Je puis donc en ſuivant les notions les plus reçûës en Géometrie ſuppoſer, par exemple, un Quarré compoſé de neuf indiviſibles pour un Quarré parfait; il ſera effectivement parfait, puiſque pour l'avoir je multiplie une ligne droite de trois points indiviſibles par elle-même. Je pourrai pareillement ſuppoſer un Triangle Rectangle, dont un des côtés ſera compoſé de dix infiniment petits ou étendus indiviſibles; il en ſera de même de toutes les autres figures, il n'y a pas d'autre moyen de les concevoir parfaites.

Les Géometres ne ſeroient pas bien venus à nous dire qu'ils s'embaraſſent peu ſi telle ligne qu'ils conçoivent ſans largeur & ſans profondeur eſt diviſible d'une indiviſibilité inépuiſable ou ſans fin, ou ſi elle eſt compoſée d'indiviſibles, au cas qu'on puiſſe raiſonner tout autrement dans le ſyſtême de la diviſibilité inconſommable ou inépuiſable, que dans le ſyſtême des indiviſibles ou étendus infiniment petits.

Or les conſequences qu'on tire ſelon les differens ſyſtêmes, ſont opoſées & quelquefois même contradictoires, comme il me semble l'avoir prouvé suffisamment. Les Géometres doivent donc intervenir dans la dispute de la divisibilité de la matiere, & laisser reposer leur esprit Géometrique jusqu'à ce qu'ils ayent vuidé la querelle, & qu'on ait reçû sur cette matiere une grande plenitude de lumiere. Ils ne doivent point envoyer cette question aux Phisiciens, à moins qu'ils ne veuillent déposer le caractere de Géometre en attendant la décision des Phisiciens.

Le plûs grand argument qu'on puisse jamais m'opposer en faveur de ces sciences, c'est de faire valoir leur utilité. On me dira que nous avons peu de commodités dans la vie & peu d'embellissement dont nous ne soyons redevables aux Mathematiques ; que les mechaniques sont une fille de la Géometrie, parce qu'elles examinent toutes les forces mouvantes par les Angles, & les longueurs des leviers, coins, roües & autres principes de machines ; que l'Optique, la Catoptrique & la Dioptrique font aussi parties des Mathematiques, parce qu'elles connoissent les causes de la vision directe, de la reflexion, & de la refraction par ses Angles. On mettra aussi au nombre des Mathematiques l'Astronomie & la Ghomonique, parce qu'elles mesurent la hauteur & la grandeur des Astres, les Angles & les ombres que font leurs rayons. Enfin il n'y a pas jusqu'à la Musique, les Fortifications, la Perspective, l'Architecture, & la Marine où on ne fasse voir en détail les perfections des Mathematiques, & leur utilité. Ce reproche me donne occasion de proposer un nouveau Préjugé.

Je conclus par un aveu de M. de Fontenelle qui dit : (*a*) » Ne pas recevoir l'infini tel qu'on vient de le représenter & » avec toutes ses suites necessaires, c'est » rejetter des démonstrations Géometriques, & qui en rejette une les doit » rejetter toutes.

(*a*) Fontenelle, Géom. de l'Infini, Préf.

SEPTIEME PRE'JUGE'.

Les Mathematiques contribuent peu à la perfection des beaux Arts.

L'On entend ordinairement par Mathematiques la science de la grandeur ; elle contemple son objet dans le dessein d'y trouver les rapports des figures & les proportions des nombres.

Les Mathematiques prises en ce sens sont presque toujours remplies d'incertitudes, & ajoutant à cela beaucoup d'inutileté ; (*a*) car ne considerant que des objets géneraux & abstraits, on ne peut sortir de la théorie & appliquer leur prin-

(*a*) Je ne prétends parler en cet endroit que des speculations abstraites de la haute Géometrie, ou des ces operations de l'Arithmetique qui roullent sur les puissances irrationelles, les racines sourdes, &c. Car pour ce qui est d'une Géometrie qui nous apprend à connoître les rapports des figures sensibles, elle est d'une très-grande utilité, bien qu'elle me puisse pas arriver à la derniere précision à laquelle l'imagination ne se flatte point de pouvoir atteindre. Pour les premieres regles de l'Arithmetique, outre qu'elles sont appuyées sur des principes certains leur utilité est des plus grande pour faciliter les calculs.

cipe à quelque choſe de ſenſible, ſi on ne veut dès lors renoncer à la préciſion.

Il y a une autre Géometrie ſpeculative, & d'où nous pouvons tirer plus de ſecours. Cette Géometrie eſt née avec nous & ne requiert point de profondes méditations; dans tous les âges, dans tous les ſexes, parmi les Mathematiciens comme parmi ceux qui ne le ſont pas, on n'a jamais été embaraſſé pour diviſer un Globe en deux Hemiſpheres. Cette Géometrie eſt la théorie des figures ſenſibles, qui eſt neceſſaire dans les uſages de la vie; mais auſſi nous ne voyons pas que perſonne l'ignore, quoiqu'il y en ait très-peu qui ſcache communiquer ſes penſées par les termes de l'art.

J'avoüe qu'il y a d'autres notions primitives que nous acquerons par une experience journaliere & qui ſont d'une très-grande utilité. La nature ſemble nous inſtruire de l'uſage admirable des leviers, des plans inclinés, des poulies, &c. Je ne diſconviens pas qu'un eſprit qui eſt attentif à ramaſſer toutes ces découvertes que la nature nous a menagées, ne puiſſe les perfectionner beaucoup; mais il ne ſera que travailler ſur les materiaux qu'elle lui fournit & rediger ſynthetiquement des idées primordiales qui ſe preſentent naturellement à l'eſprit par l'organe des ſens.

On peut être habile Artiste & exceller dans les beaux Arts quoiqu'on ne soit pas Mathematicien.

La méchanique requiert peu de Géometrie & d'Algebre ; on peut dresser les machines les plus composées sans le secours de ces sciences. L'usage des leviers qui nous est presque aussi naturel que l'usage de nos jambes & de nos bras, nous conduit naturellement à la connoissance des roües & de plusieurs autres machines propres à faciliter le mouvement des plus grands corps.

Les mechaniques ne supposent ni Algebre ni Géometrie ; une raison qui peut seule nous en convaincre, est qu'elles ont été très-cultivées dans des tems où on ignoroit ces sciences. Je ne sçai pas comme on fit pour dresser la fameuse Statuë de Rhodes, tout le monde sçait qu'elle étoit une masse énorme en grandeur ; cependant on vint à bout de lui donner une attitude convenable. L'Egypte étoit couverte d'Obelisques : ces Colosses qui étoient d'une seule piece, avoient une base proportionnée à leur hauteur qui étoit prodigieuse. L'histoire ne fait pas néanmoins mention des grandes difficultés qu'on avoit à les asseoir sur de larges pieds d'estal. Parmi les pierres qui entrerent dans la composition des murs de Babilone, il s'en s'en trouvoit qui avoient jusqu'à quarante pieds de long. Il est à présumer que leur épaisseur & leur largeur accompagnoient une longueur aussi demesurée ; ce qui prouve que les anciens étoient profonds dans les méchaniques & qu'ils avoient une imagination merveilleuse. Cette qualité suffit pour devenir un habile Artiste ; car en verité l'entendement pur n'est guere propre que pour les hautes spéculations de la Géometrie, ou pour les meditations abstraites de la Metaphisique. Aussi voyons-nous que ceux qui en font habituellement usage ne sont plus à eux-mêmes si vous les mettez hors de l'inaction de la théorie. Tel qui a sçû manier les hauts raisonnemens de la plus sublime Géometrie, ignore quelquefois comment il faut tracer le plan d'une Ville. Rien n'est plus rare que de voir un grand faiseur de raisonnemens politiques devenir un habile Negociateur ; l'entendement pur étant excessivement froid se détermine avec trop de lenteur & laisse échaper l'occasion.

L'Architecture civile & militaire, la Navigation, la Peinture, la Sculpture, la Musique, la Cosmographie & l'Astronomie ont atteint du moins en partie à un très-haut degré de perfection dans des tems où les Mathematiques étoient trèsignorées ou fort éloignées du degré de perfection où elles sont aujourd'hui ; car il est à présumer qu'on n'avoit pas dans les premiers siecles de la naissance du monde les methodes de resoudre les problêmes & calculer par lettres. Les plus sublimes connoissances des Mathematiciens de l'antiquité se bornoient à quelques propositions élementaires de Géometrie, qui sont d'un usage très-peu second & fort sterile. La découverte de Pitagore, qui valu aux Dieux un hacatombe, ne montre pas que son siecle fût fort versé dans les sciences dont nous parlons.

Cependant tous les beaux Arts ont fleuri dans ces siecles primitifs, & nous admirons encore aujourd'hui comme des monumens précieux quelques restes antiques qui ont pû nous être transmis.

Nous n'avons rien dans un siecle aussi second en Mathematiciens qu'est celui-ci, qui soit digne d'être comparé aux sept merveilles si celebres dans l'antiquité & dont le souvenir ne s'effacera jamais de la memoire des hommes. Les Murs & les Jardins suspendus de la superbe Babilone, les Colonnes de Trajam & d'Antonin, le Mausolée d'Arthemise, le Temple d'Ephese, le Capitole, les Piramides d'Egypte & ses Obelisques, ne montrent pas moins de goût pour l'Architecture que de magnificence.

Les anciens n'ignoroient point l'art de fortifier une Ville, de creuser des fondemens, de faire des circonvallations, de camper une armée ; nos plus habiles Ingenieurs avoüeroient que Babilone seroit encore aujourd'hui capable de soutenir un siege.

Cette grande Ville étoit située dans une vaste plaine dont le terroir étoit extremement gras & fertile. Ses murailles étoient d'une grandeur prodigieuse, elles avoient cinquante coudées d'épaisseur, qui font douze toises & demie, deux cent de hauteur, qui font cinquante toises, & quatre cent quatre-vingt stades de circuit, qui font vingt-quatre lieuës ; elles étoient toutes bâties de larges briques, cimentées de bitume, liqueur épaisse & glutineuse qui sort de terre de ce païs-là, qui lie plus fortement que le mortier & qui devient beaucoup plus dure que la brique ou la pierre à qui elle sert de ciment ; ces murailles étoient entourées d'un vaste fossé rempli d'eau & revêtu de brique des deux côtés.

Chaque côté de ce grand quarré avoit vingt-cinq portes d'airain massif, ce qui en tout faisoit cent ; entres ces portes & aux angles de chaque côté de ce grand quarré il y avoit plusieurs tours élevées dix piés plus haut que les murailles. Ce premier coup d'essai en matiere de fortification semble ne pas ceder en rien aux places les mieux fortifiées que nous ayons en Flandre. Il est pourtant bon de remarquer que Semiramis ne s'étoit pas encore montrée favorable aux Mathematiques, & que ces sciences ne devoient point être cultivées sous son regne.

Les anciens, bien qu'ils fussent ignorans dans les Mathematiques, entendoient à merveille la Navigation & y excelloient. Les Carthaginois, qui de tous les peuples étoit celui qui cultivoit le moins les sciences, ont porté la marine au plus haut point de perfection ; avant même la premiere guerre punique. Un Philosophe Carthaginois, dit M. Rollin, parmi les sçavans passeroit presque pour un prodige, que seroit-ce d'un Géometre ou d'un Astronome ? (*a*) C'est pourtant à ces mêmes Cartaginois qu'on doit attribuer l'invention des Navires à cinq rangs.

Nous n'avons point dans nos Ports de Navires qui puissent entrer en parallele avec celui de Hieron, dont Athenes a fait une description fort ample. On employa à la construction de ce Bâtiment le bois destiné à soixante Galeres, trois cens ouvriers sans parler des manœuvres. Le dedans étoit si bien distribué qu'il y

(*a*) Roll. hist. tom. 1. p. 227.

avoit une loge particuliere pour chacun des Rameurs, des Matelots, des Soldats & des passagers. Il y avoit aussi plusieurs Salles à manger, Chambres, Promenoirs, Galeries, Jardins, Viviers, Fours, Ecuries, Cuisines, Moulins, un Temple de Venus, des Bains, des Sales de conference, &c. outre celà il y avoit un Rempart de fer, huit Tours, deux en proüe, deux en poupe, les autres sur les côtés avec des murs & des bastions, sur lesquels il y avoit plusieurs machines de guerre, dont une entr'autres jettoit une pierre de trois cens livres ou une fleche de douze coudées à la portée de soixante pas.

Il me semble qu'on a pû construire un Vaisseau sans le secours de la Géometrie & de l'Algebre; il n'a fallu pour cet effet qu'ouvrir les yeux à ce qui se passe dans la nature. On a d'abord apperçu qu'une planche flottoit sur l'eau & qu'elle ne descendoit point à fond; qu'un Vaisseau de terre nageoit sur la surface d'un liquide, & qu'il y pénetroit à mesure qu'on remplissoit le vuide de sa cavité. Peut-être qu'on aura aussi remarqué que de deux vaisseaux de même matiere, également chargés & d'inégale grandeur, le plus petit alloit au fond, pendant que le plus grand n'enfonçoit que mediocrement dans le liquide. De toutes ces observations ajoutées à plusieurs autres, il en aura pû resulter l'idée d'un Vaisseau propre à faire voile. Les anciens sans y entendre tant de finesse connoissoient les justes proportions de leurs Navires, & ils sçavoient les charger à mesure de leur grandeur.

Les Japonois de nos jours, quoique très-ignorans dans les Mathematiques, si on en croit aux relations de ces païs-là, n'ignorent pourtant point qu'un Vaisseau du premier rang qui a 135. piés de quille portant sur terre, a de port 1500. tonneaux, qu'il doit avoir trois ponts, & qu'il peut porter depuis 70. jusqu'à 120. pieces de Canon. Qu'un Vaisseau du second rang qui a depuis 105. jusqu'à 120. piés de quille, a de port 1100. à 1200. tonneaux, qu'il doit avoir trois ponts & être monté de 65. jusqu'à 70. pieces de Canon. Qu'un Vaisseau du troisiéme rang qui a 110. pieds de quille doit avoir deux ponts, 40. ou 50. pieces de Canon, & doit porter depuis 800. jusqu'à 900. tonneaux, &c. Ces peuples qui n'entendent ni Géometrie, ni Algebre nous surpassent par vitesse de leurs voiliers.

La peinture tient un des plus hauts rangs parmi les Arts liberaux; on ne trouve personne qui ait le goût assez mauvais pour oser le contester.

Cependant il faut avoüer que la qualité la moins requise pour être un excellent Peintre est celle d'être un profond Mathematicien. Il n'est pas vrai semblable que Zeuxis, Parrhasius & Appelles chez les anciens se fussent apliqués à l'étude des Mathematiques. Nous ne voyons pas que de nos jours Raphaël, Poussin & le Brun s'y soient perfectionnés dans l'art de la Peinture, & vous en trouvez encore aujourd'hui qui sçavent très-bien diriger un pinceau & qui ignorent l'usage du compas.

Phidias, Policlete & tous les modernes qui ont excellé dans la Sculpture, ne s'étoient pas formé le goût dans les spéculations abstraites de la Géometrie. On feroit un peu trop d'honneur à nos maîtres de Musique si on les croyoit de grands Mtahematiciens ; une science dont les principes varient selon les caprices du goût ne peut être établie sur les regles immuables des proportions.

La Cosmographie avoit fait des progrès du tems de Democrite, & même parmi les disciples de ce Philosophe, dont les principes, comme on le sçait, tendent à la décadence de la Géometrie.

Bion fut assez versé dans la connoissance de la Sphere pour avancer qu'il devoit y avoir des regions où le jour & la nuit étoient chacun de six mois. Philolaus, Pitagoricien, contemporain de Platon, fut le premier qui expliqua les apparences Celestes par le mouvement de la terre; il est le veritable auteur du systême developpé par Copernic.

Dès le tems de Tales la Sphere étoit divisée en ses cinq Cercles, l'Equateur, les deux Tropiques, & les deux Cercles Polaires. Democrite acquit une grande reputation, en réduisant la description de l'Univers en un systême, dans le Traité qu'il intitula *Le Diascôme.*

Je ne croi pas que l'étude des Mathematiques soit requise pour entendre une Carte Geographique, ni même pour la dresser. Dès qu'une fois vous avez imaginé un Equateur, vous déterminez facilement les degrés de latitude d'un tel lieu; & après avoir assigné un premier Meridien, vous voyez combien ce lieu doit avoir de longitude.

Le plus difficile de tout cela est de se former une idée juste du Globe terrestre, & de connoître comment ses differentes parties sont situées les unes à l'égard des autres. Cette science ne s'est acquise que par les observations des Voyageurs, & je ne voi pas que les Mathematiques contribuent

tribuent beaucoup à la perfection ; cependant comme on est obligé de feindre des Meridiens, un Equateur, des Cercles Polaires, qu'on se sert de degrés & de minutes, cela porte les Mathematiciens à s'approprier cette science, & à la rendre, pour ainsi dire, tributaire de la Géometrie. S'il faut être Mathematicien pour sçavoir que le Cercle est divisé en 360 degrés, je conviens que la Géographie suppose l'étude des Mathematiques & qu'elle en est dépendante.

J'ai fait voir dans le premier Préjugé que l'Astronomie est incertaine dans ce qu'elle a de commun avec la Géometrie ; car nous ne sommes assurez ni de la grandeur des Astres, ni de la distance qui les éloigne du Globe de la terre. Si on pouvoit donner quelque créance aux observations qu'on suppose avoir été faites sur le pic Teneriffe, les regles de l'Optique rouleroient sur de faux supposés ; car l'on prétend qu'il a été observé sur le sommet de cette Montagne, que la grandeur apparente du Soleil ne surpassoit pas celle de la plus petite Etoile.

La principale fin que se proposent les Astronômes est de connoître le mouvement & la disposition des Astres ; ils y ajoutent leur grandeur & leur distance, mais le peu d'unanimité qui regne en tr'eux lorsqu'il s'agit de les déterminer, nous rend leur Trigonometrie bien suspecte en ce point, & prouve qu'on ne doit déferer à ces calculs qu'avec une extrême défiance.

Les plus anciens Philosophes ne s'avisoient pas d'assigner une grandeur au Diametre Solaire, & de mesurer les espaces aëriennes qui éloignent cet Astre du Globe de la terre. S'ils ont eu des regles de Trigonometrie, ce qui n'est pas vraisemblable, ils ne les ont point employées à une entreprise aussi hardie qu'est celle-là. Leur Astronomie consistoit à connoître le mouvement, l'ordre & la disposition des grands Globes qui roulent au-dessus de nos têtes; sans Géometrie, sans Algebre ils sçavoient prédire des Eclipses.

Pline rapporte que Thales annonça l'Eclipse qui arriva la quatriéme année de la quarante-huitiéme Olympiade, sous le regne d'Haliattes pere de Crœsus. (*a*) Eusebe parle aussi de cette prédiction. (*b*) Selon Plutarque (*c*) on doit attribuer à Pitagore la découverte de l'obliquité du Zodiaque. L'honneur de cette invention est revendiquée par Anaximandre, au

(*a*) Plin. *lib* 2. *ch*. 12.

(*b*) Euseb. *in Chron*.

(*c*) *De Placit. Philosophor. lib*. 2. *c*. 12.

rapport de Pline. (*a*) Timochares & Ariſtillas qui vivoient du temps d'Alexandre, ou environ, obſerverent la déclinaiſon des Etoiles fixes. (*b*).

Les Aſtronômes prouvent qu'ils connoiſſent le cours des Aſtres par la prédiction des Eclipſes; nos modernes qui les annoncent avec tant de juſteſſe & de préciſion doivent être profonds dans le méchaniſme de l'Univers, & il eſt neceſſaire qu'ils connoiſſent auſſi parfaitement la marche des Globes celeſtes que nous connoiſſons le mouvement d'une éguille ſur le Cadran d'une montre.

Si quelque habile Artiſte exprimoit dans les aiguilles d'une Pendule les mouvemens & la lenteur des Planetes, il n'y auroit pas moins de difficulté à prévoir les conjonctions de ces aiguilles qu'à prédire des Eclipſes de Soleil & de Lune. Si l'Artiſte a fixé la marche de ces aiguilles, la nature a elle même tracé la route que doivent ſuivre les Globes celeſtes; mais il n'eſt pas d'eſprit ſi tardif & ſi peſant qui, avec un peu de patience, ne vint à bout de trouver l'endroit du Cadran, où les deux aiguilles qui repréſenteroient les Globes de la Lune & du Soleil, devroient ſe rencontrer; il pourroit

(*a*) Plin. *lib.* 2. *c.* 12.
(*b*) Ptolem. *Almag. lib.* 7. *c.* 2.

même assez aisément prédire les conjonctions de ces deux aiguilles pour les siecles à venir, & je croi qu'il y réussiroit sans beaucoup d'Algebre.

L'étude de la Trigonometrie n'est point requise pour trouver le cours des Astres, pour connoître la route que tient le Soleil, & le tems qu'il employe à parcourir son orbe, il ne faut qu'avoir la patience de le suivre dans sa course. Si le Globe de l'Univers n'avoit que trente piés de Diametre, nous nous imaginerions qu'en plaçant un observatoire sur une des Planetes de ce petit monde, il seroit facile d'observer de-là le cours des Astres & d'en prévoir les conjonctions.

L'éloignement des Planetes, la grandeur des Cercles qu'elles décrivent, & le nombre des années qu'elles employent à les parcourir, rendent l'Astronomie plus scabreuse quand il s'agit de déterminer la grandeur & la distance des corps Celestes par les regles de la Trigonometrie, mais quand on a une fois trouvé le cours de ces grands Globes, ce qui se fait sans Trigonometrie, on prévoit sans les operations de l'Algebre leurs conjonctions, & on peut à l'aide d'un grand nombre d'observations réiterées en déterminer la durée.

Il est un peu triste pour les Mathematiciens qu'aprés avoir entrepris la réformation du Calendrier, ils y ayent laissé des imperfections considerables. M. Cassini a démontré qu'au bout de quatre cens ans il y aura encore plus de deux jours de variation dans l'Equinoxe. Clavius & Ciaconius qui y travaillerent par l'ordre de Gregoire XIII. firent apparemment tout leur possible pour atteindre à la derniere précision. La ressource de Tycho-Brahé a été de dire, que si la reformation Gregorienne n'a pas été portée jusqu'à la parfaite exactitude, c'est qu'il est impossible d'y arriver : voilà une grande fierté pour un aussi mauvais succés. Tycho-Brahé pour sauver l'honneur des Mathematiciens a voulu persuader qu'il devoit necessairement se glisser quelques défauts de précision dans le Calendrier. D'autres peut-être plus sinceres, mais peut-être moins éclairés que Tycho-Brahé, jugent que le Calendrier peut arriver à la derniere précision. Tous ces contrastes sont des plus humilians pour les Mathematiciens, & il est fâcheux que ni les hautes speculations de la Géometrie, ni les methodes de resoudre les problêmes, n'ayent pû conduire le Calendrier à sa derniere perfection.

Les Mathematiciens sont humiliés lorsqu'ils cherchent les raisons du Cercle au

Quarré. Il est étonnant que des Aigles qui parcourent les espaces immenses de l'infini, qui traversent même les infinis de tous les genres, ne puissent sortir des espaces bornés qui renferment une courbe & s'y trouvent embarassés.

Parmi les Mathematiciens le plus grand nombre est dans la persuasion qu'il n'est pas possible de trouver la raison du Cercle quarré ; d'autres ne pensent pas qu'on en ait jamais fait la découverte, mais ils présument qu'on pourra y réussir. Les derniers assirment que le problême a déja reçû solution, *Planè verissime Griembegerus invenit diametrum circuli ad circonferentiam ita se habere ut, &c.* (*a*) Cette triplicité d'opinion nous jette dans une triple défiance. Les tentatives des Mathematiciens étant si souvent sans aucun succès, nous pouvons juger de-là qu'ils ne peuvent guere nous apprendre que ce qu'il est facile de ne pas ignorer sans le secours des Mathematiques.

Nos plus habiles Artistes, même les plus propres pour l'invention, n'ont le plus souvent aucun usage du Compas ; ils ne sont point Géometres & encore moins Algebristes.

L'inventeur des Horloges à rouë, qui a été un nommé Pacificus, Archidiacre

(*a*) Hard. *in Plin. tom.* 1. *p.* 77. *n.* 14.

de Verone, qui vivoit du tems de Lotaire fils de Loüis le Débonnaire, se trouvant dans un siecle assez ignorant, devoit probablement ignorer lui-même les Mathematiques.

Je croi que sans le secours de ces sciences on a pû se former l'idée de toutes les machines aussi utiles que curieuses dont l'Observatoire de Paris nous conserve les modeles. J'avoüe qu'il y a de profonds Mathematiciens qui sont des excellens Artistes, mais il y a aussi de fort bons Artistes qui ne sont point Mathematiciens.

Je sens que c'est hazarder beaucoup que de combatre l'utilité des Mathematiques, & que je m'expose infiniment. On est persuadé que nous avons peu de commodités dans la vie & peu d'embellissemens dont nous ne leur soyons redevables; cette prévention mal fondée met le comble au triomphe des Mathematiciens. En leur déferant l'empire sur tous les beaux Arts, on les rend si imperieux qu'ils dédaignent après cela tout ce qui n'a pas rapport aux Mathematiques. (*a*)

(*a*) Il est assez ordinaire aux Mathematiciens de parler dédaigneusement de la Metaphisique; ils disent que l'objet de cette science étant l'Etre, il lui est aussi difficile d'en connoître les proprietés que de déterminer au juste ce qui se passe dans

J'avoüerai ingenuëment que les éloges outrés qu'on donne aux Mathematiques, ont eu beaucoup de part au dessein que j'ai conçû d'écrire contre ces sciences. Je n'ai pû lire sans quelqu'émotion cette proposition de M. Ozanan : *Les Mathema-*

le corps de Saturne L'histoire exigeant un peu de soumission, & les Mathematiciens n'ayant pas toujours accoutumé d'assujettir leur raison à l'autorité, excepté lorsque la Religion y est interessée, il s'en trouve parmi eux qui suivent la maxime outrée de Strada, qui prétendoit qu'un bon Historien ne devoit être d'aucun païs, d'aucun siecle, & d'aucune Religion ; & qui ne découvrant pas une lumiere aussi vive dans l'Histoire que celle qui éclate dans les démonstrations de la Géometrie, donnent quelquefois prise à des soupçons sur les faits tenus pour les mieux constatez : Il est hors de doute qu'on doit mieux juger de la solidité de leur esprit, qu'ils sçavent donner ce qu'il faut aux conjectures & déferer à propos aux vrai-semblances morales de l'Histoire. Mais le préjugé l'a emporté sur un jugement qui paroît si équitable, & on croit communement que l'usage habituel qu'ils font d'établir des principes certains de tirer des consequences clairement déduites de ces principes, & de suivre toujours un enchaînement de principes & de consequences, n'est pas le plus souvent une disposition propre à croire un fait dont la nature choque quelquefois la raison, qui renferme des circonstances mal liées & peu compatibles, qui a pris naissance chez un peuple amateur du merveilleux, pénétré du goût de la fable & des fausses traditions, tels qu'étoient les anciens & prin *tiques meritent le nom de Sciences sur toutes les autres, parce que les principes en sont clairs & d'une si grande évidence qu'il n'est pas permis aux plus opiniâtres d'en douter.* Un Censeur Théologien auroit eu du scrupule à passer le commencement de la

cipalement les Grecs. Les autorités d'Herodote, de Maneton, de Xenophon, de Plutarque, de Laërce, &c. ne semblent pas pouvoir faire beaucoup d'impression sur l'esprit d'un Mathematicien qui ne les apperçoit qu'au travers l'obscurité de plusieurs siecles, & chargés à ce qui lui semble des altérations de tant d'années d'ignorance, où le mensonge paroissoit pouvoir triompher avec impunité & sans crainte d'être découvert. Il n'est pareillement guere probable qu'un Mathematicien veuille déferer beaucoup aux regles de l'art critique, où quelquefois il semble qu'on établit les faits les plus interessans sur les conjectures les plus équivoques & les moins assurées. Il est aussi à présumer qu'il lira & relira plusieurs fois son Machiavel, & que tous les raisonnemens de ce grand politique ne feront en quelque sorte qu'éfleurer son esprit, loin de lui faire naître de profondes impressions sur la solidité de ses maximes. Enfin comme on juge ordinairement que les Mathematiciens ne rencontrent jamais qu'un jour merveilleux dans l'objet de leur science, on a crû qu'ils n'étoient pas capables de voir avec une lumiere mediocre. Il est en effet très-certain qu'après avoir bien envisagé le Soleil, on ne voit guere se conduire lorsqu'on détourne les yeux & qu'on jette la vûë sur quelque lieu moins éclatant.

proposition : *Les Mathematiques meriten le nom de Sciences sur toutes les autres.*

On ne sçauroit entendre dire à Bettinus *que les Mathematiques sont des Sciences triomphantes & non militantes*, sans croire ou que Bettinus avoit envie de plaisanter, ou qu'il n'étoit pas dans son bons sens ; car comme l'a très-bien remarqué M. Bayle à l'Article de Zenon: (*a*) *Les Mathematiciens ne sont pas plus unanimes que les autres sçavans.*

La même évidence ne fait point sur tous les hommes les mêmes impressions. Les Mathematiciens qui sont si outrés dogmatiques dans ce qui peut avoir rapport à la Géometrie, sont quelquefois Pirroniens dans l'histoire, & étendent témerairement leurs doutes sur les Aphorismes de la morale. (*b*) D'autres sont Dogmatiques en l'Histoire & en morale, & sont Pirroniens en Géometrie.

M. Huet conteste aux Mathematiciens

(*a*) Dictionnaire Crit. & Hist.

(*b*) Je suis convaincu que c'est sans fondement qu'on soupçonne en général l'ortodoxie des Mathematiciens, qu'Agripa a eu tort de dire après S. Jerôme, *que les Mathematiques ne sont pas sciences dignes de gens craignans Dieu*. Cependant il est très-certain qu'on n'aime pas à les voir manier nos mysteres, & qu'on ne compte pas assez sur leur docilité.

la verité de leurs premiers principes, & se propose néanmoins d'établir la verité de notre Sainte Religion par les preuves tirées des Propheties. Grotius en rejettant la preuve des Propheties, *Prophetiæ non inserviunt ad probendam fidem, sed dumtaxat ad illustrandam & confirmandam*, a recours à celle des faits. M. Pascal trouvant que ces deux preuves sont d'un genre litigieux, sujet à discussion, pense qu'il est plus expedient de rappeller au sentiment interieur & de gagner le cœur; moyen infaillible, selon lui, de dompter une raison rebelle & de convaincre par persuasion. Toutes ces preuves me paroissent également propres à faire connoître combien sont inebranlables les fondemens du Christianisme, quoique je ne suive quelquefois les Géometres qu'en tremblant, & avec une défiance que je combats avec sincerité, mais que je ne puis vaincre malgré mes efforts & le desir que j'aurois d'y réussir & de me rendre le maître de mes soupçons. (*a*)

(*a*) Mes doutes ne s'étendent que sur certaines verités Géometriques qui ne semblent pas pouvoir entrer dans le plan des infiniment petits, ou pour mieux dire; se concilier avec l'analise des indivisibles, qui sont les élemens des figures. Pour ce qui est de l'Arithmetique je prie le Lecteur de vouloir bien se rappeller ce que j'en

Le moyen le plus sûr de rendre l'esprit humain docile aux Saintes obscurités de nos Mysteres & de lui prouver la necessité d'une revelation, c'est de dompter son orgueil en le convaincant de la vanité & de l'incertitude de ses lumieres naturelles, ausquelles on ne peut, pour l'ordinaire, trop déferer sans donner prise à l'erreur. (*a*)

ai dit dans ce premier Préjugé, où je me suis étendu sur la certitude de Calculs.

(*a*) L'évidence qui nous guide dans nos recherches est très-souvent trompeuse & presque toujours équivoque. Rien n'est si ordinaire que de trouver des Géometres qui perdant imperceptiblement l'enchainement de leurs principes, arrivent ensuite à des consequences qu'ils n'osent plus tenir pour suspectes; ils font & refont plusieurs fois la méme démonstration, sans s'appercevoir des erreurs qui s'y sont glissées; ils ne sont pas toujours assez équitables pour convenir de leurs méprises, & on en a vû qui ont conservé long tems la pensée flateuse d'avoir trouvé la quadrature du Cercle. On dit que M. de Varignon étoit sujet à ces flagrans Paralogismes, & qu'il perdoit souvent la piste de sa démonstration. Plus on se soumet aux rapports de la raison humaine, plus on s'écarte de la verité. Les bons Ortodoxes l'écoutent peu, ceux qui s'éloignent de la pureté de la foi déferent un peu plus à son tribunal; à mesure enfin qu'on l'écoute on va à l'Heresie, au Socinianisme, au Deisme, & au Pirronisme: car les Pirroniens ne se soumettent à aucun joug, & donnent un

Le Pirronisme, lorsqu'on sçait lui prescrire de justes bornes, est une disposition à l'humilité, que Dieu recompense d'ordinaire par le précieux don de la foi.

Je ne répondrai à tous les reproches humilians que m'attirera ce petit Ouvrage, que ces paroles de l'Ecclesiaste : *Cuncta res difficiles, neque homo potest ipsas sermone explicare, neque oculus visu satiatur, neque auris auditu impletur.* Et pour justifier le dessein que j'ai conçû d'écrire contre les Mathematiques, je dirai après le Saint-Esprit, *Mundum tradidit disputationi eorum*, principalement lorsque la Religion n'y est point interessée.

Mon dessein n'est point de fournir des armes à l'incredulité qui n'a malheureusement que trop prévalu, mais d'exciter les Mathematiciens à ne point négliger leurs principes, ce qui leur est un peu trop

plein effort à cette raison corrompuë. Les Deistes admettent des principes, mais ils se mettent rarement en devoir de les ébranler Les Sociniens avoüent l'authenticité des livres Saints, & ne se p rmettent pas les décisions critiques sur l'histoire de ces Saintes Ecritures. Les Heretiques resserent davantage les drois de la raison. Les Ortodoxes seuls sçavent lui prescrire des justes bornes. Vous voyez enfin rarement un Critique, en matiere de Religion, conserver la plenitude de la Foi, ainsi la raison humaine qui les guide les trompent & les séduit.

ordinaire. » Ne nous fâchons pas contre » ceux qui nient quelquefois des choses » sans raison; ils sont plus utiles qu'on ne » pense à la République des Lettres ; sans » eux on ne verroit que conteurs de fa- » bles, & ce n'est pas peu de chose que » de diminuer le nombre de tels gens; » pour moi je n'entends jamais de conte » où le merveilleux domine, que je ne » sois ravi de trouver quelque Misantro- » pe toujours prêt à vous dire, cela est » faux ; on y regarde de plus près, & il » en revient ordinairement quelqu'avan- » tage « (*a*)

Si j'avois été plus versé dans les scien- ces que je critique, j'aurois beaucoup mieux réussi à m'escrimer avec les Géo- metres : (*b*) » Mais comme il ne faut pas

(*a*) Merc. Gal. de Janv. 1693.

(*b*) Lorsque j'ai entrepris cette petite disser- tation, mon but n'étoit pas de traiter serieu- sement de cette matiere, n'étant pas naturelle- ment assez mélancolique pour vouloir m'englou- tir avec les débris des Mathematiques dans des cahos d'obscurité & d'incertitudes. Un dessein en effet aussi mal étendu ne peut être que le projet ridicule d'une humeur bilieuse & chagrine ; mais m'étant arrivé de parler un jour sur les hautes speculations de la Géometrie, pas, à la verité de parler aussi respectueusement que cer- tains Mathematiciens qui étoient presens, l'au- roient désiré ; je me trouvai tout d'un coup en

» croire, dit M. Bossuet, que pour cen-
» surer les licentieuses interpretations,
» par exemple, d'un Grotius à qui l'on
» défere trop dans notre siecle, il faille
» sçavoir autant d'Hebreu, de Grec, &
» de Latin, ou même d'Histoire & de Cri-
» tique qu'il en montre dans ses écrits.« (*a*)

but à d'assez froides railleries. Car on sçait que les profondeurs des Mathematiques ressemblent fort à l'entrée de Trophonius, où l'imagination perdoit le goût qu'elle pouvoit avoir pour les saillies. Cette petite humiliation ne laissa pas que de m'émouvoir un peu, elle ranima en moi le penchant qui nous pousse à la vengeance & me presenta en un moment sous les yeux toutes les batteries que je devois faire joüer contre les Mathematiques. Je saisis d'abord assez avidement tous les moyens qui m'étoient suggerés & qui s'offroient à ma bile, qui étoit un peu irritée. Je dressai mes machines, non pas à dessein d'ébranler ces sciences, mais pour voir si ceux qui paroissent si enchantés de leur certitude étoient bien en état de les défendre contre les attaques du Pirronisme. Rien n'est si ordinaire que d'attirer un ami qui feroit trop le brave dans une sale d'escrime, & de tâcher de le surprendre par toutes sortes de feintes. J'en ai usé pour ainsi dire de la même sorte avec les Géometres; tout le monde sçait qu'ils sont les braves au suprême degré, & qu'ils sont excessivement fastueux. J'ai voulu sonder si leur habileté répondoit à leur bravoure, j'avois eté de plus en but à leurs railleries, & il n'est pas aisé d'étouffer son ressentiment.

(*b*) Bossuet, Instruct. sur la Vers. du Testam. de Trevoux.

Il faut convenir qu'on peut s'élever contre le Dogmatisme outré de nos Géometres, quoiqu'on ne les ait pas suivis dans toutes leurs hautes speculations. » Ceux qui cherchent la verité en elle-même & sans préoccupation ne s'arrêtent » point au nom des personnes, ni à leur » antiquité, principalement lorsqu'il ne » s'agit point de la foi. » (*a*)

Après avoir prié le Lecteur de me rendre justice sur la droiture de mes intentions, qu'il m'est aisé de justifier; je finis par cette reflexion de M. de Fontenelle. » Le témoignage de ceux qui » croient une chose déja établie n'a pas » de force pour l'appuyer, mais le té» moignage de ceux qui ne la croient pas, » a de la force pour la détruire. Cela » vient en général de ce que pour quitter » une opinion commune ou pour en re» cevoir une nouvelle, il faut faire quel» que usage de sa raison, bon ou mau» vais; mais il n'est pas necessaire d'en faire » aucun pour rejetter une opinion nou» velle ou pour en prendre une qui est » commune. Il faut des forces pour resis» ter au torrent, mais il n'en faut pas pour » le suivre. « (*b*) On pourroit ajouter

(*a*) Simon, Hist. Critique du vieux Testament, p. 8.

(*b*) Hist. des Oracles, ch. 8.

à cette pensée judicieuse de M. de Fontenelles une reflexion de Charon qui est remplie de bons sens. » La plûpart des » opinions communes & vulgaires, voire » les plus plausibles & reçûës avec reve» rence, sont fausses & erronées, & qui » pis est la plûpart incommodes à la so» cieté humaine ; & encore que quelques » sages qui sont en petit nombre, sentent » mieux que le commun & jugent de » ces opinions comme il faut, si est-ce que » quelquefois ils s'y laissent emporter, » sinon en toutes & toujours, mais à » quelques-uns & quelques fois il faut » être bien ferme & constant pour ne se » laisser emporter au courant, bien sain & » préparé pour se garder net d'une conta» gion si universelle ; les opinions géné» rales reçûes avec applaudissement de » tous & sans contradiction sont comme » un torrent qui emporte tout. *Proh superi quantum mortalia pectora cœcæ noctis habent!* (*a*)

(*a*) Sagesse de Charon, p. 365

FIN.

APPROBATION.

J'AI lû par ordre de Monseigneur le Garde des Sceaux un Manuscrit qui a pour titre : *Pensées Critiques sur les Mathématiques*, &c. ce 10 Janvier 1733.

Signé, GODIN.

PRIVILEGE DU ROY.

LOUIS, par la grace de Dieu, Roi de France & de Navare : A nos amez & feaux Conseillers les Gens tenans nos Cours de Parlement, Maitres des Requêtes ordinaires de notre Hôtel, Grand Conseil, Prevôt de Paris, Baillifs, Senéchaux, leurs Lieutenans Civils, & autres nos Justiciers qu'il appartiendra, Salut : Notre bien Amé le Sieur Abbé CARTAUD, Nous ayant fait remontrer qu'il souhaitteroit nos Lettres de Permission pour l'impression d'un Manuscrit qui a pour titre, *Pensées Critiques sur les Mathématiques*, &c. offrant pour cet effet de le faire imprimer en bon papier & beaux caractéres, suivant la feuille imprimée & attachée pour modele sous le contre-scel des Présentes : Nous lui avons permis & permettons par ces Presentes de faire imprimer led. livre ci-dessus, conjointement ou separément, & autant de fois que bon lui semblera ; & de le vendre, faire vendre & debiter par tout nôtre Royaume pendant le tems de trois années consécutives, à compter du jour de la datte desdites Présentes. Faisons défenses à tous Imprimeurs, Libraires, & autres personnes de quelque qualité & condition qu'elles soient, d'en introduire d'impression étrangére dans aucun lieu de nôtre obéïssance ; à la charge que ces Présentes seront enregistrées tout au long sur le Registre de la Communauté des Imprimeurs & Libraires de Paris, & ce dans trois mois de la datte d'icelles ; que l'impression de ce Livre sera faite dans notre Royaume & non ailleurs, & que l'Impetrant se conformera aux Réglemens de la Librairie ; & notamment à celui du 10. Avril 1725, & qu'avant que de l'exposer en vente, le manuscrit ou imprimé qui aura servi de copie à l'impression dudit Livre, sera remis dans le même état où l'Approbation y aura été donnée ès mains de notre très-cher & feal Chevalier Garde des Sceaux de France le sieur Chauvelin, & qu'il en sera ensuite remis deux Exemplaires dans notre Bibliotheque publique, un dans celle de notre Chateau du Louvre, & un dans celle de notre très-cher & Féal Chevalier Garde des Sceaux de France, le Sieur Chauvelin : le tout à peine de nullité des Présentes Du contenu desquelles Vous mandons & enjoignons de faire joüir l'Exposant ou ses ayant cause, pleinement & paisiblement, sans souffrir qu'il lui soit fait aucun trouble ou empêchement. Voulons qu'à la copie desdites Présentes, qui sera imprimée tout au long au commencement ou à la fin dudit Livre, foi soit ajoutée comme à l'original. COMMANDONS au premier notre Huissier ou Sergent, de faire pour l'exécution d'icelles tous Actes requis & nécessaires, sans demander autre permission & nonobstant Clameur de Haro Chartre Normande, & Lettres à ce contraires. CAR tel est notre plaisir. DONNE', à Versailles le trente uniéme jour du mois de Janvier l'an de grace mil sept cent trente trois, & de notre Regne le dix-huitiéme. De par le Roi en son Conseil, SAINSON

Registré sur le Registre VIII. de la Chambre Royale & Syndicale de la Librairie & Imprimerie de Paris, N°. 504. page 484. conformément au Reglement de 1723. qui fait défenses art. IV. à toutes personnes de quelque qualité & condition qu'elles soient, autre que les Libraires & Imprimeurs, de vendre, débiter & faire afficher aucuns Livres pour les vendre en leurs noms, soit qu'ils s'en disent les Auteurs ou autrement, & à la charge de fournir les Exemplaires prescrits par l'article CVIII. du même Reglement. A Paris ce 6 Mars 1733. Signé, G. MARTIN. *Syndic.*

J'ai cedé la présente Permission à M. Valleyre le fils, selon les conventions faites entre nous. A Paris, ce 13 Août 1733. *Signé*, CARTAUD.

Registré sur le Registre VIII. de la Communauté des Libraires & Imprimeurs de Paris page 594. conformément aux Reglemens, & notamment à l'Arrêt du Conseil du 13 Août 1703. A Paris le 15 Septembre 1733. Signé, G. MARTIN, *Syndic.*

www.ingramcontent.com/pod-product-compliance
Ingram Content Group UK Ltd.
Pitfield, Milton Keynes, MK11 3LW, UK
UKHW020300230726
13925UKWH00001B/142